汪新斌 著

一本书读懂

翡翠

化学工业出版社

·北京·

翡翠深受人们喜爱，是当前国内消费量最大的珠宝品种之一。《一本书读懂翡翠》由国内知名翡翠专家编写，结合十多年的翡翠鉴定、销量、品鉴、评估的经验，详细介绍了翡翠的真伪鉴定、处理品鉴别、价值评估方法以及翡翠市场情况和收藏诀要。

本书适宜翡翠爱好者参考。

图书在版编目（CIP）数据

一本书读懂翡翠/汪新斌著. —北京：化学工业出版社，2020.5（2024.11重印）

ISBN 978-7-122-36238-4

Ⅰ.①一…　Ⅱ.①汪…　Ⅲ.①翡翠–基本知识　Ⅳ.①TS933.21

中国版本图书馆CIP数据核字（2020）第030152号

责任编辑：邢　涛　　　　　　　　　　装帧设计：韩　飞
责任校对：王鹏飞

出版发行：化学工业出版社（北京市东城区青年湖南街13号　邮政编码100011）
印　　装：北京宝隆世纪印刷有限公司
710mm×1000mm　1/16　印张12　字数188千字　2024年11月北京第1版第6次印刷

购书咨询：010-64518888　　　　　　　　售后服务：010-64518899
网　　址：http://www.cip.com.cn

定　　价：98.00元　　　　　　　　　　　　　　版权所有　违者必究

中华民族是世界上最热爱收藏的民族之一。我国历史上有过多次收藏热，概括起来大约有五次：第一次是北宋时期；第二次是晚明时期；第三次是康乾盛世；第四次是晚清和民国时期；第五次则是当今盛世。收藏对于我们来说，已不仅是拥有财富的快乐，它还能带给我们艺术的享受。收藏，俨然已经成为人们的一种生活方式。

中华民族还是世界上最崇玉、爱玉的民族。我国不但是世界上对玉石开采利用较早的国家，而且在悠久的用玉历史中渐渐形成了独特的玉文化。玉文化已成为中华民族灿烂文化的精粹！

翡翠颜色迷人，通常在浅色的底子上出现绿色或红色的色团，犹如古代赤色羽毛的翡鸟和绿色羽毛的翠鸟，因而得名。翡翠，自古以来就有着"玉中之王"的美誉，被人们奉为最珍贵的宝石之一。

如今，越来越多的收藏爱好者认识到翡翠的收藏价值和投资价值，翡翠的市场价已经有了数十倍甚至上千倍的升幅。在如此高位的行情中，翡翠到底还有没有收藏投资价值？如何鉴赏翡翠？如何投资翡翠？如何收藏翡翠？《一本书读懂翡翠》作者汪新斌将为您一一解答！

姚泽民
2020 年 1 月于北京

前言

　　《一本书读懂翡翠》是《汪新斌讲翡翠》一书的升级版。笔者分别从学术、艺术、市场三个角度，解答了读者对翡翠的三大困惑：真不真？好不好？贵不贵？这三个角度的讲解，始终贯穿全书且相互融合。书中有对翡翠的观察和归纳总结，还有对翡翠的思考和独特认知，融入了作者十几年的市场实战经验，能全面提高读者的翡翠鉴定、鉴赏和收藏的水平，让读者真正做到"一本书读懂翡翠"。

　　本书不是单调乏味的说明书，不是看图说话式的画册，更没有谈"捡漏"故事和赌石传奇。但是言之有物，通俗易懂，内容详尽。从学术角度，有"基础知识"和"真假鉴别"等章节；从艺术角度，有"翡翠鉴赏"和"翡翠雕刻"等内容；从市场角度，有"评价体系"和"购买与收藏"等知识。初次接触翡翠的读者，或是经验丰富的翡翠玩家，都能在阅读本书的过程中有所收获。

　　全书共配图六百余张，旨在将理论和实际结合起来，通过众多样本和案例对比，把笔者的本意表达清楚。这些图片大多是笔者在工作中的实拍，少量来源于同行们提供的图片。在此感谢雅昌艺术网、苏富比拍卖行、北京保利国际拍卖等公司，感谢众多雕刻大师及珠宝设计师，感谢众多朋友和行业前辈的倾力相助。感谢著名文化学者吴欢为本书题写书名。

　　读者在阅读本书的过程中，如果有不明白之处，或有更多观点和更好建议，欢迎您与笔者进行交流，请添加微信或致电。

汪新斌

手机：13564883688

微信：jade_wxb（或手机号）

目 录|

6　翡翠杂谈　/ 149

6.1　翡翠雕刻 / 150

6.2　珠宝设计 / 157

6.3　专业术语 / 167

6.4　拍卖图鉴欣赏 / 171

1

基础知识

chapter
one

　　很多人喜爱翡翠或佩戴翡翠，是因为它的色彩丰富和晶莹剔透，给人一种娇艳欲滴的感觉。优质翡翠的产量稀少，价值不菲，佩戴翡翠成了品味和财富的象征。翡翠除了有作为首饰佩戴的用途之外，还被广泛用于投资理财。有人将翡翠送亲朋好友表达祝福，也有人将翡翠珍藏作为传家宝。"翡翠和玉有什么区别？"这是很多人关于翡翠的第一个问题。笔者就先从这个最常见的问题开始，带大家了解翡翠。

1.1 翡翠概述

1.1.1 翡翠的定义

翡翠被称为"缅甸玉"，它是玉石的一种，也被称作"玉石之王"。按照地质学的定义，翡翠是以硬玉矿物为主，与其他辉石类矿物组成的集合体，以铬元素为主要致色离子的硬玉岩。翡翠是多种矿物质的集合体，和彩色宝石的单晶体或双晶体表现形式不同。由于组成翡翠的矿物质比例不同，导致其形态和颜色也各不相同。翡翠的化学成分和物理性质，整体上都接近硬玉矿物的理论值。

翡翠戒指

缅甸翡翠原石

翡翠的化学性质稳定，打磨抛光后具有油脂光泽或玻璃光泽，莫氏硬度为6.5～7，密度为3.33g/cm³，折射率为1.66。翡翠成品的颜色、透明度、水头等方面有较大差异，但是其硬度、密度、折射率都相同。我们通常以种水和颜色来评判翡翠的好坏。种水指的是翡翠的透明度和反光度，颜色则有绿、红、黄、紫、黑等，也有部分乳白色或者无色的。大部分翡翠都不透明或半透明，高档无色玻璃种翡翠则接近透明。其中以接近透明的绿色翡翠价值最高，也最受大众喜爱。

翡翠鸟

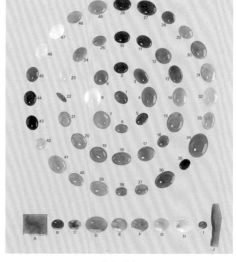

翡翠矿物

"翡翠"最早是某种鸟的名字，因为翡翠矿物的颜色与翡翠鸟的颜色相似，人们便用"翡翠"来命名此类矿物。"翡"指的是黄色翡翠，"翠"指的是绿色翡翠。关于翡翠如何进入中国，有很多说法，公认度最高的是：13世纪初，云南某盐商从缅甸贩盐回中国，捡了块石头来平衡马驮，并将

翡翠手镯

石头带回了中国。那块石头被随手丢在马厩旁边，因为马经常在此石头上蹭蹄铁，石头的外皮被磨掉以后，露出了晶莹剔透的绿色。就是这个偶然机会，让翡翠进入了中国。

1.1.2 "美石为玉"

玉的范围很广，关于玉的定义也有很多。中国地大物博，出产的玉石类别众多，比如中国四大名玉：新疆的和田玉、河南的独山玉、辽宁的岫岩玉、陕西的蓝田玉，这些是以地名和矿物学来分类命名的。其中和田玉还分白玉、青玉、碧玉、墨玉、糖玉等，这些是以外观的颜色来命名的。

清乾隆御制玉扳指及剔红紫檀盖盒

　　从美学角度来说：美石为玉。这种说法看似比较主观，从学术角度来说并不十分严谨，但是更容易让人理解。古人没有现代科技的仪器，很难分析出每块石头的矿物成分，大多数时候只能从石头的色彩、外观、质感来判断。如南红（玛瑙）属于玛瑙类，也被称为赤玉，属于玉石的一种。绿松石虽以石字结尾，也是种名贵玉石。还有句话是"石中蕴玉"，玉和石是很难绝对区分的。有些玉藏在石头表皮之下，比如翡翠的皮壳之下才能见玉肉。有些人捡到个鹅

金盖托白玉杯

绿松石山石花卉鼻烟壶

卵石，觉得它很漂亮，能否依照"美石为玉"这句话就判断它算是玉？并不能。"美石为玉"这句话是针对整体而非个体的，说的是对整体品种的分类划分，而不是对单一个体的主观判断，我们始终要考虑对玉石命名的历史传统。

最简单的玉石分类方式是将其分为软玉和硬玉。软玉包括中国的四大名玉等，最有名的就是和田玉。国外也有软玉，比如加拿大碧玉、俄罗斯玉（属于和田玉）等。硬玉主要就是翡翠，也叫"缅甸玉"，是以主要产地命名的。翡翠产地并非只有缅甸，还有日本、美国、俄罗斯、危地马拉等地，其中宝石级的翡翠主要来自缅甸。在中国市场流通的翡翠成品，其原料绝大多数都来自缅甸。近两年有危地马拉翡翠进入中国，其中有部分品质稍好，整体效果与蓝水翡翠类似。

1.1.3 玉文化与翡翠的发展

中国人对于翡翠的喜爱，基于历史悠久的玉文化基础。中国素有"玉石之国"的美誉，成语里就有众多与玉有关的成语，如玉洁冰清、温润如玉、如花似玉、金童玉女、金玉满堂等，都在表达对玉的赞誉。与玉有关的历史典故也很多：西王母向黄帝、尧、舜献玉；女娲炼五色石以补天；秦王愿用十五座城池交换和氏璧；《红楼梦》里的贾宝玉出生时就口含通灵宝玉等。

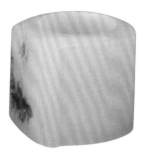

以和田玉为代表的软玉

以翡翠为代表的硬玉

翡翠勾玉
（摄于日本翡翠产地系鱼川市）

日本绳文时代的翡翠制玉斧

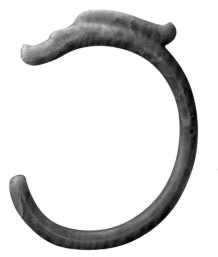

大玉龙，新石器时代

玉印章，战国时期

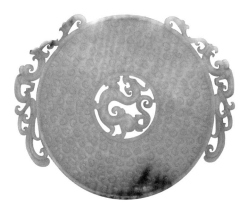

战国时期玉螭凤云纹璧
（现收藏于故宫博物院）

乾隆御制翡翠雕辟邪水丞

作为中国传统文化的重要组成部分，玉文化的起源可以追溯到五六千年前。早在新石器时代到三皇五帝时代，玉被制成璧、琮、圭、璋等款式，被当成祭祀礼器用于祭拜天地和神灵。东周时期，儒家提出"玉有五德""君子比德于玉"，将玉的特性比拟成君子的道德修养。至宋代和明代，玉文化非常兴盛，玉器已适用于生活，士大夫阶层将玉器用于文房陈设，供欣赏和把玩。此时的玉器不仅有器形之分，还被雕刻成山水、花鸟、人物等图案，与现代玉雕风格极为相似。

翡翠在中国的风行，除了玉文化的源远流长，还要考虑历史的契机。这个契机始于清朝乾隆时期，乾隆对玉石非常痴迷，所作诗词中关于玉的就有上千首，收藏的玉器多达上万件，其中不乏翡翠精品，比如乾隆御制翡翠雕辟邪水丞，于

2012年在保利国际拍卖行以4945万元成交。

慈禧太后也是翡翠爱好者，她对翡翠的喜爱，导致整个清宫廷和民间都上行下效，翡翠饰品盛极一时。清宫廷翡翠的题材广泛、雕工精湛、寓意高雅，代表着当时的最高工艺和审美潮流，其中的大多数还珍藏于北京的故宫博物院。在以和田玉为主的玉文化发展了几千年后，翡翠以其娇艳的颜色和晶莹的质感，成了玉文化里的新宠儿，大家都争相佩戴并以此为美，直至今天。

清代翡翠戒指

清代翡翠碗

翡翠既是传统的玉石，也是时尚的珠宝。在各大珠宝品牌的柜台，翡翠和钻石、彩色宝石一样，成为众多品牌的主营项目，翡翠的销售额领先于其他品类，大众对翡翠的喜爱，让翡翠在宝玉石品种里占据着举足轻重的地位。

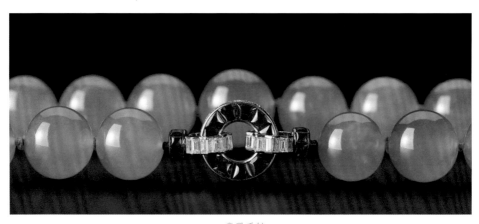

翡翠手链

1.2 翡翠的市场现状

　　根据相关部门统计数据，2018年我国珠宝市场零售总额已经达到5800亿元，每年以10%左右的速度增长。中国是翡翠消费的第一大国，市场规模约为500亿元，略高于中国钻石市场规模的450亿元。翡翠市场的兴盛繁荣，与中国经济大发展的背景是分不开的。随着人们生活水平的提高，在衣食住行等物质条件得到满足之后，人们对翡翠等宝玉石的需求也在日益增加，这反映出了人们对美好生活的向往和追求。

　　现在的翡翠不光只有华人喜欢，也获得了国际上的认可。日本于2016年将翡翠确定为"国石"，法国卡地亚珠宝公司于2014年以2744万美元（2亿多港元）的价格，拍回曾经为芭芭拉·赫顿定制的翡翠项链。美国的著名收藏家安思远，他的最爱就是随身佩戴的翡翠戒指，他还曾和故宫博物院商谈可用翡翠交换他当时收藏的中国国宝级文物《淳化阁帖》。

某商场的翡翠柜台

"佛豆"

翡翠项链，卡地亚公司于1934年为芭芭拉·赫顿定制

　　翡翠被戏称为"疯狂的石头"，它在高峰期的涨价速度让很多人感到不可思议，无色玻璃种的翡翠，更是创造了价格上涨百倍的神话。在翡翠行业近些年的发展过程中，开采、加工、零售等各个环节，都已经发展得很成熟，人们对翡翠的认知也越来越清晰。经过几次行情震荡之后，翡翠价格已回归理性，消费市场也日趋成熟稳定，现在正处于翡翠行业的黄金期，是购买和收藏翡翠的好时机。

翡翠爱好者的合影展示

1.2.1 翡翠的市场特点

翡翠作为市场经济的商品，具有以下几个特点。

真假易辨

翡翠的真假易辨，是翡翠市场稳定发展的前提。翡翠的鉴定标准非常严格，必须是纯天然形成的翡翠才被认可，要求其内部结构没被破坏，颜色必须是天然形成的。某些宝玉石品种的鉴定标准，允许它有人工优化，比如加色、高温优化、辐射改色等。翡翠的鉴定标准，几乎杜绝了所有造假的可能性，只要是动任何手脚，都会被认定为B货或C货。翡翠的权威鉴定机构很多，大多数城市都有，鉴定费用也很实惠，给大众提供了便利快捷的服务。

容易评估

"黄金有价玉无价"，很多人对这句话的误解较大，听到"玉无价"就敬而远之。这句话并不是说玉商会漫天要价，它的第一层意思是"黄金易得，美玉难求"，说的是美玉的稀缺性。历史上就有秦王愿拿十五座城池交换和氏璧的故事，其价值远超过我们的想象，不是仅用价钱可以衡量的。另一层意思是黄金有价格标准，而美玉没有价格标准。然而事实并非如此，翡翠的价格标准，虽然很难量化计算，但是也客观存在。大多数时候是通过对比法，靠经验去判断的。行内专业人士对翡翠价格的判断，都非常接近，差别通常都在10％之内。总体来说，随着行业发展越来越规范，市场信息越来越透明，大众对翡翠价格的判断也将会越来越精准。

便于流传

相比较于其他艺术收藏品，翡翠容易长期保存和流传。翡翠有很高的硬度和韧性，不容易磕碰损伤；它的化学性质稳定，不易受恶劣环境的影响，在自然环境里几乎不会产生变质。某些

艺术收藏品就不具备此类特性，比如字画，虽然也有流传千百年的作品，不过都要时刻小心保管，稍有不慎就容易损坏。翡翠的价值主要体现在品质上，并不体现在体积上，哪怕是价值几百万的翡翠都能随身佩戴，携带的便利性远超过瓷器、木雕和金银器等。

资源稀缺

西方经济学的经典著作说："供求关系决定商品价格"，中国也有句话说："物以稀为贵"，用这两句话来理解翡翠市场是再适合不过的。翡翠行业的供给是指翡翠原材料，它是不可再生的资源，是在特定地质条件下经过几千万年才形成的，其资源主要掌握在缅甸政府和

部分矿主手里。供应渠道为每年两次的缅甸翡翠公盘，以及缅甸矿主参与的国内翡翠公盘。与翡翠市场的巨大需求相比，翡翠原材料显得非常稀缺，这种供不应求的供需关系，也导致翡翠的价格持续上涨。

1.2.2 翡翠的产品分类

要了解翡翠的市场发展情况，先要对翡翠产品有个归类划分。翡翠成品大概可以分为三大类别：首饰类、珠宝类以及艺术品类。

首饰类翡翠指的是部分中低价位的翡翠，比如价格几百元到一两万元的挂件和手镯等，主要有佩戴或装饰作用，常见的题材有观音、佛、平安扣、叶子等。此类翡翠作为首饰佩戴是非常美观的，也能承载玉文化里的良好寓意。而且价格都很实惠，适合大众消费，占据了翡翠消费的大多数，是整个翡翠市场的支柱产品。

首饰类翡翠

珠宝类翡翠指的是高档翡翠，具有珠宝的三大特性：稀有、漂亮、持久。此类翡翠的原材料非常稀缺，"物以稀为贵"，所以它的市场价格非常昂贵。常见的珠宝类翡翠，有价值几万元的戒面、十几万元的吊坠、几十万元的手镯等。此类翡翠除了常见的传统题材，还包括越来越多的镶嵌作品，其款式时尚，工艺精湛，有西方珠宝的奢华感，佩戴效果完全不输给国际品牌珠宝。法国影星苏菲·玛索曾佩戴翡翠出席活动，她所佩戴的吊坠就是典型的珠宝类翡翠。

珠宝类翡翠

艺术品类翡翠主要是指摆件和把玩件，比如翡翠鼻烟壶、翡翠印章等，此类翡翠可供欣赏或把玩，并不一定都适合佩戴。在北京故宫博物院珍藏的清代宫廷翡翠，很多就属于此类。还有部分现代玉雕大师的作品，主要以雕工为特色，工艺价值甚至大于翡翠原料的价值，笔者也将其划分为此类。艺术品类翡翠的价格幅度较大，有几千元的小把玩件，也有几百万的大摆件。此类翡翠或是能满足大家的文玩雅好，或是有较高工艺价值，具有非常明显的艺术品收藏特性。

这三种分类方式并没有绝对的分界线，有些翡翠既是珠宝又是艺术品，具有很高的收藏价值，很难说它到底是归属于哪一类。这种分类方式主要是经验的总结，从款式和价格等各方面加以区分，便于大家更全面地理解翡翠。

艺术品类翡翠

1.3　翡翠的种水

1.3.1　种水

在谈论翡翠的时候，我们经常提及"种水"，对它的通俗理解就是够不够亮、够不够透。晶莹剔透的翡翠，表面呈现出玻璃光泽，我们称之为种水好。完全不透明的翡翠，表面呈现出蜡状光泽，看起来和普通石头差不多，我们称之为种水差。种水的好和坏是相对而言的，每个人的标准都不同，笔者的标准就是以品质较高的糯种为分界线，在这个种水之上的都算是种水好的翡翠。

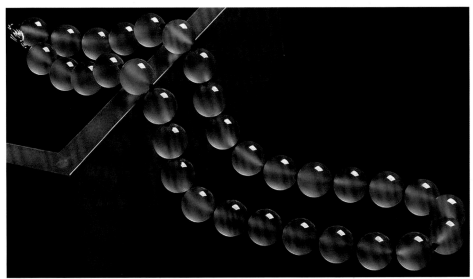

玻璃种翡翠项链和手镯

在大多数学术探讨里，翡翠的"种"和"水"是两个定义，"种"是翡翠的结构与构造，"水"是翡翠的透明度和表面反光度。笔者将两者理解为同一个概念，种是内在的起源，水是外在的表现，两者其实是个统一体，甚至可以理解为因果关系：因为种好，所以水头好；因为结构细腻，所以呈现出透明状和玻璃光泽。本书有别于其他书籍，将两者结合讲解，便于读者更好地理解。

行内有句话说"内行看种、外行看色"，这句话表达了种水的重要性，种水对翡翠的价值起着决定性作用。种水较好的翡翠，结构致密，透明度高，表面光泽强，看起来很有灵性。种水较差的翡翠，几乎完全不透明，呈现出石头的外观，原因是其晶体结构不够致密，矿物颗粒比较粗大，甚至用肉眼就可以看到。

玻璃种和豆种翡翠

如何判断一件翡翠的种水？最主要是看外在表现，如果翡翠表现出很强的玻璃光泽，甚至起荧光，哪怕它的内部有棉，也算是种水很好的翡翠。观察翡翠的内在结构来判断种水好坏行不行？理论上是可以的，实际操作却并不容

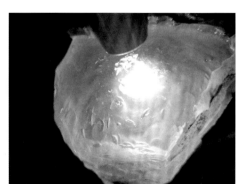

灯光下的翡翠原石

易。因为肉眼的识别度很有限，大多数情况下我们也不会随身携带高倍放大镜。种水不同的翡翠，其内部结构虽有不同，但并不容易分辨，以此来判断翡翠种水的难度很大。只有翡翠行业的专业人士，在原材料交易的时候，才会广泛使用这种方法。

拿到翡翠的第一时间，不要急于找手电筒看透光。打灯看透光，主要是检查翡翠内部有无纹裂，并不能以此判断种水和品质好坏。通常在手电筒的强光下，能看见的往往是灯光，反而更容易忽略翡翠的内在结构。要正确判断翡翠的种水，一定要多观察翡翠本身的细节，不要盲目依赖于使用手电筒，手电筒只能作为观察的辅助工具，并不值得提倡和推广。

1.3.2　按种水分类

我们经常说翡翠的"种老"和"种嫩"，这两个形容词是相对而言的，主要指翡翠原料的形成年份，这只能靠丰富的经验来推测，暂时还没有实验室方法广泛应用于检测。初学者可能接触翡翠较少，还无法完全理解这种相对的概念。总体来说，种老的翡翠质地细腻、结构致密，还可能呈现出胶感或荧光等特性，表现通常都优于种嫩的翡翠，但种老、种嫩并不是判断翡翠种水好坏的唯一标准。

根据翡翠的种水特征，人们将翡翠划分成很多种类，常见的有以下几种分类：玻璃种、冰种、糯种、豆种以及其他。有些划分方式更为细致，将冰种划分为冰玻种、高冰种、冰种、冰糯种等；将豆种划分为粗豆种、细豆种等。

翡翠原石，开窗部位的种水极好

笔者觉得种水的划分只是个参照，划分得太复杂并没必要，也不便于初学者理解。本章主要讲解常见的大类，关于更多的讲解，读者可以查看本书"专业术语"章节。

本书所说的种水，是针对翡翠成品而言，而不是针对翡翠原石。翡翠原石的种水不能一概而论，根据部位的不同，定可以呈现出两三种不同类型的种水。体积较小的原石，整体种水比较接近，比如玻璃种和冰种共生、豆种和糯种共生。体积很大的原石，不同部位的种水可能差别巨大，比如行内说的"狗屎地里出高色"，意思就是种水很不好的翡翠原石，也可能取出种水很好的满色翡翠。

玻璃种　对于玻璃种的定义，根据字面意思去理解，就是像玻璃一样透明的翡翠。这只是一种比喻，翡翠是多种矿物的集合体，不能苛求它像工业玻璃一样绝对纯净。有些翡翠里面含有少量杂质，只要它的透明度和玻璃接近，表面具有玻璃光泽，就可以划入玻璃种的范畴。

纯净的玻璃杯样本

几乎无杂质的玻璃种翡翠　　　　　　　有部分棉，也属于玻璃种的翡翠

满绿的玻璃种翡翠

无色玻璃种首饰套装

玻璃种分为无色玻璃种和有色玻璃种，无色玻璃种也被称作"白玻璃"，可以通过纯净度来辨别，只要是内部纯净、接近透明的，就可以算是玻璃种翡翠。有色玻璃种较难辨别，因为它的颜色影响了透明度，很难一眼就分辨出是否属于玻璃种，往往要观察表面反光的强弱来作为辅助判断依据。

无色玻璃种翡翠是近十几年价格涨幅最大的品种，可以说是身价倍增。尺寸正装的无色玻璃种手镯，从以前的几万元，到现在的上百万元。大颗的无色玻璃种戒面，从以前的几千元，到现在的十几万元甚至几十万元。出现这样的情况，并非完全因为市场炒作，而是玻璃种非常稀有，几乎算得上万里挑一。我们经常谈论玻璃种翡翠，但是真正的玻璃种并不多见。

无色玻璃种翡翠佛

满绿玻璃种翡翠佛

无色玻璃种翡翠佛（二）

　　有色玻璃种翡翠的颜色，常见的有绿色、飘蓝花、黄色，比较少见到红色、紫色、黑色的玻璃种。有色的玻璃种翡翠价格一直很高，从几十万到几百万元都很常见，有些较好的可以达到上千万元，在历年的拍卖中，它的价格都非常坚挺。有色玻璃种的价格差异，主要体现在颜色的色调和色型，以及本身的质地上。以颜色浓阳、质地细腻的满绿玻璃种为最佳，这种属于极品翡翠，更是价值连城。

2011年以759万元成交的翡翠
（北京艺融国际拍卖有限公司）

冰种　意思是像冰块一样透明的翡翠。冰块虽是透明的，但不是绝对纯净的，冰种翡翠也是如此，内部或多或少都有些结构，可以称为"棉"或者"冰碴"。冰种翡翠的透明度比玻璃种略差，价值仅次于玻璃种，是最常见的高档翡翠之一。

冰块标本，与冰种翡翠结构类似

对冰种翡翠的鉴别标准不能过于严苛，只要它有冰块的透明感，哪怕是内部有棉或少量杂质，都算是冰种翡翠。如果是有色的冰种，则要仔细观察翡翠表面的反光，它是类似于冰块的光泽，有微弱的镜面效果，稍弱于玻璃种的玻璃光泽。

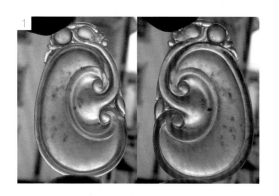

冰种翡翠的棉

冰种翡翠的内部结构
1

冰种翡翠样本，有比较明显的
棉，棉少的可以达到玻璃种
2

冰种翡翠样本，内部棉较多，表
面有微弱的镜面效果
箭头所指为棉
3

冰种翡翠的跨度比较大，从接近玻璃种的冰玻种、高冰种，到接近糯种的冰糯种，它的价格从几万到几十万，甚至上百万元不等。内部杂质越少价值就越高，但是并没有具体特征和数据，能衡量翡翠达到什么程度的冰种，更多的是一种约定俗成的叫法。至于不同的冰种分别价值多少，大多数情况下只能靠市场经验来判断。

冰种阳绿翡翠吊坠，2019年苏富比拍卖行拍品，估价50万港元

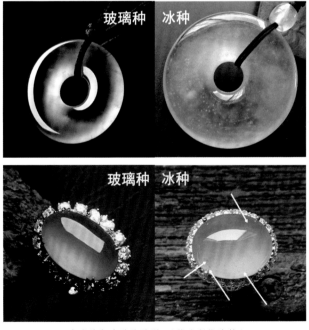

玻璃种和冰种的差别 （箭头所指为棉）

都是冰种龙牌，右边的质地较好，价格高很多

冰种满色翡翠，可见表面有棉

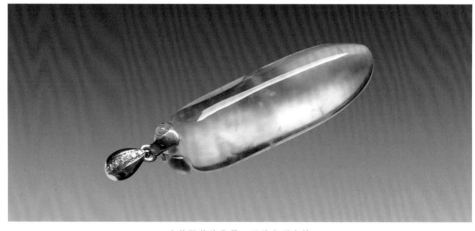

冰种飘蓝花翡翠，可见表面有棉

冰种翡翠颜色种类较多，基本上包括了所有的翡翠颜色，除了常见的无色、绿色之外，还有黄翡、红翡、墨翠和紫罗兰。其中冰种紫罗兰比较少见，如果紫色浓艳的话，那也属于高档翡翠，极有收藏价值。冰种绿色翡翠价值很高，完全能达到收藏级的品质，在零售市场上并不常见。

冰种紫罗兰、黄翡、墨翠

糯种 糯种翡翠也叫糯米种或糯化地，它的透明度仅次于冰种翡翠，属于半透明状态，似透而非透。像煮得很稀的粥，或者像淘米水，肉眼很难看见其结构内的颗粒，整体又稍有浑浊感。糯种翡翠属于常见的中档翡翠，也有些质地非常细腻，会有起胶的效果，那就属于高档翡翠。

淘米水样本，和糯种翡翠质地类似

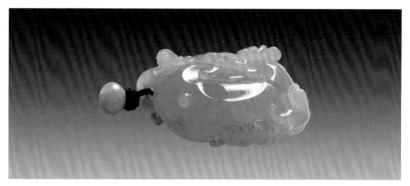

糯种翡翠，糯化效果好，属于中高档翡翠

糯种翡翠的特征可以用四个字总结：匀而不透。如果不匀不透，就达不到糯种；如果又匀又透，就属于冰糯种（我把冰糯种归纳为冰种类，不在此讨论）。

常见的糯种翡翠

糯种翡翠的表面反光比较柔和，没有玻璃种和冰种的镜面效果，在边缘部位有模糊的光斑。糯种翡翠的内部颗粒细腻程度不同，如果是种比较老的糯种，其内部颗粒细腻，结构致密，可能会有起胶起荧的效果。种比较嫩的糯种，其内部颗粒稍粗大，结构相对松散，呈现出与高档和田玉类似的"脂粉感"。

翡翠的透明度是个重要参数，它并不是一成不变的，透明度和厚度有很直接的关联。如果把糯种翡翠切薄，它也会变得很透，有类似于冰种翡翠的效果。3毫米厚的糯种，比9毫米厚的冰种还要透，不要因此就对翡翠的种水产生混淆。我们只能取相同厚度的翡翠，以常见的6～7毫米厚度做对比，以此判断翡翠的种水。

翡翠的价值与种水关系密切，那冰种一定比糯种贵吗？在大多数情况下是这样的，如果颜色和工艺差不多，冰种通常都会贵于糯种。但也有例外的情况，底子足够细腻的糯种，它的种水好于棉絮较多的冰种翡翠，价值也可能高出很多。

豆种　豆种翡翠是最常见的翡翠，有句行话说"十有九豆"，意思是豆种翡翠占了绝大多数。豆种翡翠的晶体颗粒粗大，通常用肉眼就可以看到结构，几乎没有透明度，石性比较重。豆种翡翠的整体质量稍低，价格也相对实惠，消费者的受众广泛。豆种翡翠里也有高档货色，比如豆绿和白底青，高品质的白底青手镯的价格甚至高于无色冰种手镯的价格。

豆子示意图，豆种翡翠也类似，可见明显颗粒

豆种白底青翡翠手镯

　　豆种翡翠按照晶体颗粒的大小，可分为粗豆种和细豆种。细豆种的颗粒比较细腻，种水要明显好于粗豆种，甚至接近于糯种翡翠。翡翠有个重要特征就是"苍蝇翅"结构，它是指翡翠表面的片状反光。不少人甚至将这种苍蝇翅结构，作为鉴别翡翠真假的标志，其实这种观点并不完全正确。

　　苍蝇翅结构仅广泛存在于豆种翡翠，冰种或玻璃种翡翠并没有这种特征。可以总结为：部分翡翠有苍蝇翅结构的特征，有苍蝇翅结构的未必就是天然翡翠，B货翡翠也可能会有苍蝇翅结构。

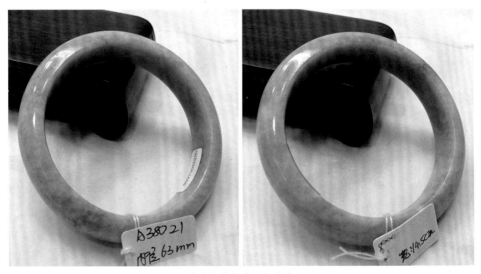

颜色比较灰的无色豆种

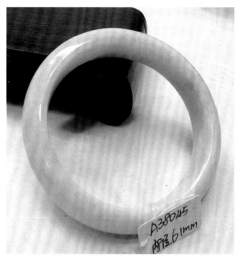

颜色比较白的无色豆种

　　豆种翡翠可以细分为：无色豆种、白底青（部分颜色）、豆绿（满色）。这三种分类方式，不是以种水来区分的，而是以颜色的多少来区分的，并不属于种水分类的范畴。但是因为这三种类型的豆种翡翠，品质和价格相差都非常巨大，所以有必要在此章节给大家做个简单介绍。

无色豆种翡翠

无色豆种手镯

　　无色豆种是最常见的，通常被雕刻成中低档挂件。比如价值几百元的吊坠和手镯，大多都是用无色豆种做的。无色豆种的品质，主要以颗粒大小和底色来评判，颗粒越细、底色越白的，越显得白润细腻，价值就越高。有些颗粒粗

有色的豆种翡翠

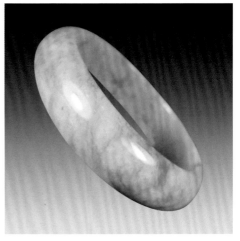

绿色较多的豆种翡翠手镯

大、底色发灰甚至发黑，就显得石性很重，价值就偏低。

　　白底青指的是有部分颜色的豆种翡翠，"青"其实是翡翠的绿色。白底青手镯就是整段豆种上有一段翠色，这种手镯是最常见的高档手镯之一，底子越白、翠色越浓的品质越好，价值最高的市场价已达百万元以上。

　　白底青也广泛用于制作翡翠吊坠，市面上大部分中等价位的绿色翡翠，都属于有色豆种，其中以白底青最为常见。豆绿指的是满色的豆种翡翠，通常用于制作手镯和翡翠项链，有部分高档的用于制作翡翠吊坠。

颜色较好的豆绿

颜色稍淡的豆绿

翡翠原石上的色根

以上就是四种最常见的翡翠种水分类，分别是玻璃种、冰种、糯种和豆种。除此之外还有其他分类，比如龙石种、晴水、蓝水、玛瑙种、蛋清种、芙蓉种、乌鸡种、干青、花青、油青、金丝种等。这些并非都是以种水来命名的，有些是以颜色的色型来命名的，比如花青、金丝种。有些是种色结合来命名的，比如晴水、蓝水。还有以颜色命名的翡翠品种，比如：红翡、黄翡、墨翠、紫罗兰翡翠、绿色翡翠、无色翡翠、双彩翡翠等，我们将在"翡翠的颜色"里探讨。

1.4 翡翠的颜色

在翡翠的种种颜色里，绿色是最典型的，所以翡翠也被简称为"翠"。绿色是象征着生命和成长的颜色，大多数人都喜欢绿色翡翠，很多人甚至误以为绿色的才算是翡翠，其他颜色的都算不上是翡翠，这种观点是明显错误的。毕竟翡翠是多种矿物的集合体，颜色种类多种多样，除了绿色之外，还有紫色、红色、黄色、黑色、白色和无色等。

颜色浓阳的绿色翡翠价值不菲，是最具收藏价值的珠宝级翡翠，深受大众的喜爱。并非所有绿色翡翠都具有高价值，有些绿色翡翠的价格很便宜。怎么区分不同的绿色和其价值？总体来说是依据四字诀："浓、阳、正、匀"，或依据"色调、饱和度、色型"等方面的参数，在本书"评价体系"章节里有具体的讲解。

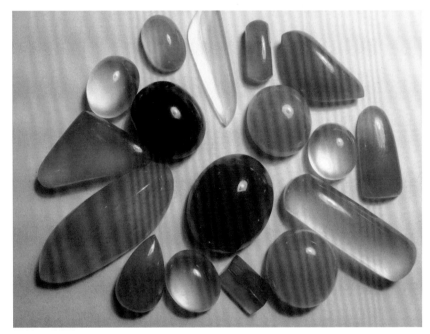

不同颜色的翡翠

翡翠的绿色有很多种，如同我们在生活中的种种所见，有嫩芽初上时的鲜绿，有瓜果挂枝时的油绿，有松柏的郁郁葱葱，有秧苗的欣欣向荣。这几种不同的绿色，分别对应着翡翠的正阳绿、油绿、蓝绿、黄阳绿。绿色翡翠的命名方法，有很多都来源于生活，比如苹果绿、葱心绿、菠菜绿、瓜皮绿等。

自然界的不同绿色

要完全理解翡翠的颜色，至少要花费八成的精力，用来学习绿色翡翠的相关知识。这并不是说其他颜色不重要，绿色是重点也是难点，和其他颜色的知识结构也类似，不管是学术研究还是市场经验，都是可以触类旁通的。所以我们在谈论颜色的时候，通常都是以谈论绿色为主。

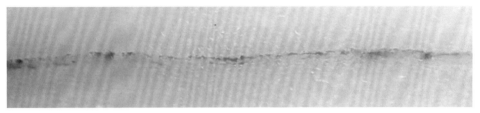

翡翠上的颜色

1.4.1 按颜色分类

翡翠是颜色最丰富的玉石，以下列举的各大类别，又因色调和浓度的差别，可以细分成更多品种。翡翠的颜色据统计有上百种之多，色根往往呈现出无规则分布，这种无迹可寻的颜色分布方式，使翡翠当之无愧地成为最难懂的宝玉石品种。

绿色　俗称"翠"色。绿色是翡翠最具代表性的颜色，也是价值最高的颜色。翡翠的绿色，因色调、浓度、均匀度不同而品种繁多，民间有"三十六水，七十二豆，一百零八蓝"之说，形容翡翠的绿色变化多端。我们在讨论绿色的时候，不能仅用"绿""很绿""不绿"来形容。

按照通常的叫法，翡翠的绿色有黄阳绿、帝王绿、正阳绿、祖母绿、晴水、豆绿、油青、蓝水、墨绿、干青、花青等，分别描述了绿色的不同类

淡绿　　　　阳绿　　　　翠绿　　　　艳绿　　　　蓝绿

不同颜色的翡翠样本

不同色调的紫罗兰翡翠

紫罗兰翡翠镶嵌的手镯

型。这些不同品种的绿色，价格相差非常大，以黄阳绿、帝王绿、正阳绿最为稀有，其戒面价格可达到几十万元，油青、干青等色调偏灰的颜色，其戒面价格只有几百元。

紫色　俗称"椿"色，又称紫罗兰色。按照色调不同可分为粉紫、茄紫、蓝紫。粉紫，质地比较细腻透明，内部棉绺较多，也称"藕粉地"。茄紫，紫色比较浓艳，质地粗糙，肉眼可见矿物颗粒。蓝紫，紫中带蓝，质粗几乎不透明，白棉较多。

紫色翡翠的结晶颗粒较大，一般都属于豆种或糯种，能达到冰种的紫罗兰翡翠非常稀有，所以行内有"十椿九木"的说法。紫罗兰翡翠的种色很难兼得，种水好的颜色较淡，颜色浓艳的种水又不够。值得注意的是，紫色对于光线特别敏感，在不同光线下的表现相差很大，大家在购买的时候要多注意这种情况。

红色和黄色　俗称"翡"色。种好色好的红翡极罕见，最好的为"鸡冠红"，其亮丽鲜艳，质地细腻通透，为红翡里的精品。现在市面上的部分红翡是加热焗色处理的，消费者需要仔细辨别，相关知识在"翡翠的'优化'"章节有详细讲解。

黄翡通常呈现出金黄色、橘黄色、蜜糖色或者褐黄色。还有种黄翡被称为"黄雾"，它是因为褐铁矿浸染而形成的。"黄雾"很贴近原石的表皮，种水明显好于普通黄翡，这种黄翡还被制作成珠链，每颗珠子都是半黄半白，被称为"鸳鸯黄"。

红翡和黄翡

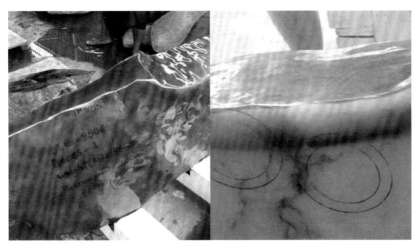

黄翡原石，2013年缅甸公盘的"标王"，成交价8800多万元

黄翡和红翡在各方面都比较类似，所以笔者把这两种颜色综合讲解。

红色和黄色都是中国人特别偏爱的颜色，质地细腻、颜色纯正的红、黄翡并不多见，通常都偏褐色调或偏灰色调，不够通透，杂质较多。红、黄翡普遍存在于翡翠的表皮部位，极易与其他颜色共存，经常被用于雕琢成俏色作品。

黑色 俗称"墨翠"。墨翠是翡翠里面比较特殊的一种，与和田玉里的墨玉非常类似。平常看起来是黑色的，打灯透光看是绿色的。墨翠实际上并非纯黑色，而是颜色很深的绿色，由于绿色过度地浓集聚集，导致外观上呈现出黑色。

墨翠首饰

墨翠的主要矿物为绿辉石，含有少量的硬玉、钠铬辉石、钠长石、透闪石等矿物。质地好的墨翠，种水可以达到冰种，其价值也非常高。质地差的墨翠，晶体颗粒粗大，整体光泽度差，几乎没有水头。这两种墨翠的价格相差可达到几十倍。

墨翠吊坠

白色和无色　白色翡翠由较纯的硬玉矿物组成，不含典型的翡翠致色元素，有瓷器的质感，也被称为瓷底。部分较为细腻的白色翡翠，甚至有类似于和田玉的效果。白色翡翠也可以作为载体，上面常常见到其他的颜色，比如白底青就是白色翡翠上有绿色色根。普通的白色翡翠是最常见的翡翠，其价值较低，常用于制作首饰类翡翠或者摆件等。

有人将白色翡翠叫作无色翡翠，这种说法看似不严谨，但是也有一定的道理，是行业内约定俗成的叫法。这里所说的无色，并不是说像玻璃一样无色透明，而是没有绿、黄、紫等较为明显的颜色。

偏绿色

偏白色

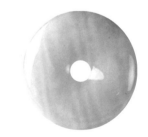

偏灰色

不同底色的白色翡翠

无色翡翠没有明显的色根，会呈现出偏白或偏灰的状态，我们可称之为"底色"。另外我们常说的"白玻璃"，是泛指"无色玻璃种"或者"无色冰种"，这类翡翠透明度很好，晶莹剔透，有强烈的玻璃光泽，深受人们的喜爱。

玻璃种观音吊坠
2011年以80.5万元成交
（北京艺融国际拍卖有限公司）

1.4.2 致色原理

翡翠的颜色多种多样，其中的绿色、紫色、黑色属于原生色，红色、黄色等属于次生色。原生和次生的意思，是指在翡翠形成过程中，致色离子参与致色的方式。颜色是与翡翠共生形成的，就称为原生色。颜色是在翡翠形成之后形成的，就称为次生色。

翡翠原石，绿色是原生色

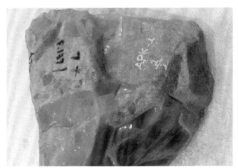

翡翠原石，紫色是原生色

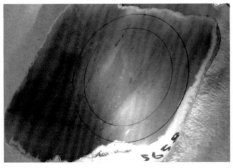

玻璃种飘蓝花的翡翠原石，可见色根的丝状分布

翡翠原石，绿色很深，底子较粗

绿色的翡翠被称为"翠"，它的颜色属于原生色，是在翡翠形成过程中，由铬离子致色。铬的含量在万分之几就可以致色，翠绿、阳绿，铬的含量在万分之几。祖母绿、深绿，铬的含量在千分之几。如果有适量铁离子参与致色，就可以改变绿的色调，形成偏灰偏暗甚至没有化开的"墨绿"。翡翠致色离子中，各种元素的含量多少，决定着颜色的色调和浓淡。

满色翡翠手镯

红色和黄色的翡翠被称为"翡"，它的颜色属于次生色，是在翡翠形成硬玉晶体之后，由铁等矿物充填在晶粒间或裂隙中形成的。含高价态铁等元素的，颜色多为红色，比如红翡是由赤铁矿浸染所致。含低价态元素的，颜色多为黄色，比如黄翡是由褐铁矿浸染所致。次生色通常位于翡翠原料的表皮，或者表皮以下较浅的位置，因为它是在翡翠形成硬玉晶体之后才参与致色，并不能完全浸染至翡翠内部的中心部位。

清代双彩花鸟花插，收藏于故宫博物院

双彩翡翠手镯（紫罗兰和绿色）

翡翠的致色离子还有钴离子、钽离子、镁离子等，这些致色离子可以同时存在，所以我们能看到有两三种颜色的翡翠，多色翡翠比单色翡翠更稀有，价值也高很多。集三种颜色于一身的翡翠，比如绿色、紫色、黄色或红色，我们可以称之为"福禄寿"，是非常名贵的品种，收藏价值很高。

福禄寿翡翠摆件

真假鉴别

2.1　A货和B货

2.1.1　什么是A货和B货?

翡翠是一种稀缺商品，具有极高的市场价值，中高档翡翠的价值从几万到几十万元不等。有些不法商人利欲熏心，将低档翡翠通过化学处理，制造假翡翠冒充高档翡翠出售获利，这是欺诈消费者的严重违法行为，必将受到法律的制裁。

B货翡翠手镯样品（一）

很多消费者在买到假货之后，往往遵从古玩行业的陋习，归结为"打眼"，觉得自己眼力不够，只选择认倒霉，没有拿起法律的武器，维护自己的权益，这只会助长造假者的气焰。翡翠造假曾是翡翠发展过程中的严重障碍，在严格的翡翠鉴定国家标准颁行之后，假货已经越来越没有生存空间了。

B货翡翠手镯样品（二）

经强酸处理的B货翡翠表面

首先要明白什么是真翡翠。真翡翠也叫作"天然翡翠"或者"A货翡翠"。它是指在正常自然条件下形成的翡翠，内部结构没有被破坏，颜色也是纯天然形成，只从原石经过雕琢抛光等工序，变成了可佩戴的翡翠成品。

经过强酸处理，结构被破坏的翡翠叫作"B货翡翠"，经过添加填充物改色的叫作"C货翡翠"，既经强酸处理又加色的叫作"B+C货翡翠"，这几种的共同点是对翡翠进行了化学处理。还有用其他材质冒充翡翠的叫作"D货翡翠"，比如塑料、玻璃、石粉等，也可以当做假翡翠来看待。

2.1.2 合成翡翠

1984年12月，美国通用电气公司在世界上首次人工合成了翡翠。他们用粉末状钠、铝和二氧化硅加热至2700℃高温熔融，然后将熔融体冷却，固结成一种玻璃状物体。再将其磨碎，置于制造人造钻石的高压炉中加热，施加超高压力，形成白色翡翠的结晶体。为了得到不同颜色的翡翠，分别加入一定的致色离子：加少量的铬变成绿色；铬过量就成黑色；加少量锰可以得到紫色等。这种高压下加热结晶的产物就是合成翡翠。

近年来我国相关单位的科学家们，也成功地进行了翡翠的合成。合成翡翠与天然翡翠化学成分非常类似，成分、硬度、密度等方面与天然翡翠基本一致。合成翡翠的透明度差，发干；颜色不正，比较呆

部分B货翡翠样品

合成翡翠样本（一）

天然翡翠样本

合成翡翠样本（二）

板；不具交织结构，无"翠性"。合成翡翠的技术目前尚不成熟，生产成本也非常高，仅限于实验室的研究中，无法进行商业性生产，在零售市场上还没有此类合成翡翠。

2.1.3 一定要知道的权威鉴定机构

国家认可的翡翠鉴定机构有很多，鉴定证书也有很多种样式，一般有以下标志：CMA、CAL以及CNAS/CNAL，以上三个标志任何一个都有效。

① CMA是检测机构计量认证合格的标志，具有此标志的机构为合法的检测机构，是国家法律对检测检验机构的基本要求。

② CAL是经国家质量审查认可的检测、检验机构的标志，具有此标志的机构有资格作出仲裁检验结论。具有CAL则比仅具有CMA的机构，在工作质量、可靠程度上进了一步。

③ CNAS是国家级实验室的标志，表明该检验机构已经通过了中国国家实验室认证委员会的考核，检验能力已经达到了国家级实验室水平。根据中国加入世贸组织的有关协定，"CNAS"标志在国际上可以互认，比如说能得到美国、日本、法国、德国、英国等国家的承认。

正规鉴定机构的鉴定证书样本，背面有CMA和CNAS的认证标志

部分正规鉴定机构的标志

国内的翡翠鉴定机构，只有这三类才具有权威性。国际上比较知名的鉴定机构也有不少，比如日本中央宝石研究所、瑞士古柏林宝石实验室等，这些机构的鉴定结果也非常值得信赖。

某些个人和以营利为目的的商业组织，其出具的鉴定证书，都不具备公信力和参考价值。近几年就出现了一些伪鉴定机构，比如某科学研究所，某艺术品投资公司，某文物检测公司等，经常出具各种非正规鉴定证书，为某些翡翠骗子的假翡翠做背书，以达到欺骗消费者的目的。

2.1.4 学会看鉴定证书

翡翠的鉴定标准非常严格，鉴定证书上都会有质量、密度、折射率、吸收光谱等数据。如果鉴定结果为天然翡翠，则会标明"A货"或"天然"等字样。如果鉴定结果为假翡翠，在证书的鉴定结果上会标明处理、注胶、染色、优化或"B货"等字样，备注里还会写出鉴定依据或造假方法。

分辨鉴定证书真伪的时候，要注意以下几点：证书上有钢印或者防伪标志；鉴定证书上有鉴别单位电话，可致电查询鉴定结果；证书上有鉴别单位网址，可在网站输入实验编号查询鉴定结果（早期鉴定证书查询不到的，可以通过电话查询。一周内做的

鉴定证书正面有数据、备注和实物图片

鉴定证书背面有认证标志

证书，信息可能还没及时录入数据库，导致暂时查询不到）。

除了看鉴定证书真假之外，还要防止翡翠被"调包"。有些人会用天然翡翠的证书，配上极相似的B货翡翠。此类骗局常见于翡翠手镯或戒面，因为手镯和戒面的外观相似，如果不仔细分辨，容易误以为实物和证书照片是同件翡翠。如果发现翡翠质量和证书数据有较大差异，一定要提高警惕，防止此类骗局。

套牌B货　　　　　　　　正品A货

套牌翡翠：仿制与A货相似的B货，并套用A货的证书

还有种更隐蔽的行骗手段，常见于高档满绿翡翠雕刻件。造假者拿天然翡翠做标本，多次去鉴定机构开具多张证书。然后拿B货原料来仿制，达到以假乱真的目的。雕工能仿制到几乎相同，总质量相差无几，且不容易从颜色上区分。这类方法隐蔽性强，涉及的金额较大，往往给受害人带来极大经济损失。

至今为止，所有的正规机构的鉴定证书上，都只标注各种参数，以及鉴定结果为A货还是B货翡翠，不会对翡翠的价格进行评估，更不会在鉴定证书上有所体现。倒是部分个人或者商业机构，会在非正规机构出具的鉴定证书上，标明翡翠的价值。这种鉴定翡翠价格的行为，本身就有待商榷，更不具备参考价值，甚至伴随着各种骗局的发生。新闻媒体也常报道一些行骗案例，比如某些艺术品公司或某拍卖公司，会把客户的翡翠等艺术品，评估出一个非常高的价格，并承诺可帮代卖或拍卖高价，以此骗取各种费用。笔者提醒读者要谨慎对待此类事件。

对于高价值的翡翠，消费者尽量要在付款之前，亲自拿去正规机构鉴定。随着鉴定技术的发展和完善，翡翠行业的造假者越来越没有生存空间，只要大家掌握翡翠的基本知识，买卖过程中不要贪便宜，不要听各种捡漏故事，更不要幻想"天上掉馅饼"的好事，时刻提高警惕，就可以最大限度避免上当受骗。

2.2 翡翠鉴别方法

2.2.1 正确的鉴别方法

翡翠的鉴别过程，可分为实验室鉴定和民间鉴定，分别是以数据和经验作为判断依据。实验室鉴定方法，是指通过现代科学仪器，观察翡翠内部结构，准确测量硬度、密度、折射率，通过红外光谱测量吸收光谱等，并最终得出准确的科学鉴定结果。如果检测物是B货翡翠，证书上还会标明经过何种处理方法。

民间鉴定方法，指的是靠肉眼观察，以经验来判断翡翠的真假。民间鉴别方法虽有理论依据，也有较高的准确性，但需要扎实的知识和丰富的经验。对部分初级爱好者来说，肉眼辨别翡翠真伪是有较大难度的，就算是入行多年的翡翠商人，也没百分之百把握能识别所有假货。

实验室的部分鉴定工具

本书不过多讨论实验室的仪器测量方法，比如对硬度、密度、折射率的检测等。主要介绍肉眼辨别翡翠的经验判断，行业经验并非鉴定标准，只能作为辅助判断，不能仅凭某个细节去轻易下结论，要反复对比揣摩才能准确判断。

B货翡翠样本

对B货翡翠的鉴别方法，主要是从三个角度：表面、结构、颜色。

（1）看表面

B货翡翠因为经过强酸处理，表面会有类似"橘皮"的坑坑洼洼，我们把它称为"酸蚀纹"。这仅用十倍放大镜即可观察到，是最容易识别的B货翡翠特征。

有些质地很差的天然翡翠，其"石性"很重，表面会有类似的效果。还有些"出土翡翠"，由于多年的天然腐蚀，表面可能会形成"酸蚀纹"，其内部结构并没有破坏，仍然属于天然翡翠。希望大家仔细查看，谨慎区分。

具有"酸蚀纹"的翡翠，大多都是B货翡翠，如果翡翠表面呈现这种典型特征，又有很好的颜色，但是种水不够好，与颜色严重不符，则可以判断为B货翡翠。

（2）看结构

B货翡翠的结构松散，是因为充胶导致内部结构不够致密，其表面反光通常呈现出蜡状光泽或油脂光泽。所以在观察翡翠内部结构的时候，要结合它的表面光泽共同观察。对于有颜色的B货翡翠，其内部往往呈现出"网状结构"的色根，还有可能出现色素沉积的点状色根。很多资料里介绍过天然翡翠独特的"苍蝇翅"结构，并以此来判断翡翠

酸洗B货翡翠100倍微观效果图　天然A货翡翠100倍微观效果图

翡翠酸蚀纹

高倍放大镜下的翡翠酸蚀纹，B货翡翠的典型特征

结构松散，可见色素沉积

结构松散，表面呈蜡状光泽

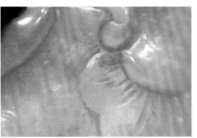

B货翡翠的色根漂浮

真假。实际上并非如此，种水极好的翡翠并无明显此类特征，部分A货翡翠上可见苍蝇翅结构，很多B货翡翠同样也具有此特征。

（3）看颜色

大部分B货翡翠都是有颜色的，经酸洗掉杂质后，再加色和充胶。B货翡翠的颜色边界模糊不清，色根浮于表面，基本上以团状、块状色为主，很少深入到翡翠的肉里。天然A货翡翠的色根都清晰，明显可见色根的走向。少部分高档翡翠的颜色均匀，色根并不明显可见，但这和B货翡翠的色根模糊有本质区别。

以上三种方法，是鉴别B货翡翠的主要方法，需要结合起来综合判断。注意观察种水和颜色的关系，比如有些翡翠质地极差，却有极好的颜色，这就是明显的"种水和色不相符合"，基本上可以推测为B货翡翠。笔者还见过某件冰种无色的翡翠片料，种水极好但是质地松散，观察后发现它经酸洗处理过，判断的依据就是内部结构非常松散，与种水表现不相符，这

结构松散，可见色根漂浮

色根漂浮，表面有酸蚀纹

一／本／书／读／懂／翡／翠

B货翡翠手镯，并配套了假鉴定证书

几十年前的假翡翠，较难分辨

类没加色的假货原料迷惑性极大。熟悉掌握以上的三种方法，可以轻松识别以下B货翡翠。

2.2.2 错误的鉴别方法

日常生活里，也有些错误的鉴别方法，可统称为"民间偏方"。这些方法只能辅助判断样本是否是翡翠材质，并不能鉴别出有无经过化学处理。为了正本溯源，本文就列举几种，请大家明辨是非，不要以讹传讹，应传播正确的翡翠鉴别方法。

① 笔者有次去考察某全国有名的古玩市场，看见一个卖翡翠的商家，拿出一块翡翠给客人做展示，因为那件翡翠的颜色非常假，有经验的人基本上一眼就能识别是假货。在客人提到真假问题的时候，商家信心满满地说："这是A货翡翠，硬度高，能划玻

A货翡翠

B货翡翠

璃。"并手法娴熟地演示给客人看，那块翡翠真的能在玻璃柜台上划出划痕，而翡翠本身却不受影响。看着玻璃柜台上满满的翡翠划过的痕迹，就知道他没少用这种办法去忽悠。A货翡翠的硬度比玻璃高，所以能划出痕迹，B货翡翠的硬度也并没有降低，照样能在玻璃上划出痕迹。

② 有些人在介绍翡翠鉴别经验的时候，经常说用手掂量翡翠的重量，感觉密度小、整体比较轻的就是假翡翠，而天然翡翠的密度比较大。这个说法理论上是可以的，但是完全脱离了实际。因为翡翠成品重量都不大，挂件一般就十几克，有些甚至只有几克，光靠手的感觉去测量重量，还要换算成密度，这个难度已经超越了人体极限。这种鉴别方法并不科学，只能分辨出密度较小的特定材质，比如塑料制品仿制的翡翠。B货翡翠在造假过程中，密度并不发生变化，可见下图。

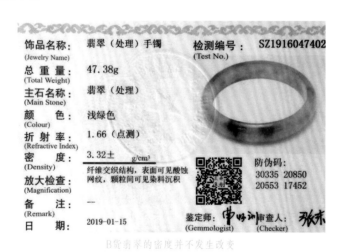

饰品名称： (Jewelry Name)	翡翠（处理）手镯	检测编号： (Test No.)	SZ1916047402
总重量： (Total Weight)	47.38g		
主石名称： (Main Stone)	翡翠（处理）		
颜色： (Colour)	浅绿色		
折射率： (Refractive Index)	1.66（点测）		
密度： (Density)	3.32± g/cm³	防伪码： 30335 20850 20553 17452	
放大检查： (Magnification)	纤维交织结构，表面可见酸蚀网纹，颗粒间可见染料沉积		
备注： (Remark)	—		
日期： (Date)	2019-01-15	鉴定师： (Gemmologist)　审查人： (Checker)	

B货翡翠的密度并不发生改变

③ 有些人说听声音能鉴别翡翠真假，方法是用细线吊起翡翠手镯，以玛瑙棒等硬物敲击，声音清脆悠扬的就是A货翡翠，声音沉闷的就是B货翡翠。用耳朵听出翡翠的真假，就好比闭上眼睛只听脚步声，来测量对方身高体重。就算最低级的造假方法，理论上对翡翠结构有破坏，实际对结构的改变程度也并不大，无法仅凭听力分析出样本有无经过化学处理。

④ 还有一些民间流传的鉴别方法，比如把翡翠含在嘴里，感觉很凉的就是A货翡翠。这种说法的理论依据是翡翠导热性较好，但是导热性也是相对而言的，这种方法只能分辨嘴里的是玉石还是泥巴，或是塑料制品和木制品等，完全不能鉴别出翡翠的真假，B货翡翠与天然A货翡翠的导热性基本上是无差别的。

以上几个错误的方法，分别从硬度、密度、声音、导热性去推断翡翠的真假，理论上好像有点道理，实践过程中完全不具备可行性。因为每个人的感觉和感知是各不相同的，何况翡翠的造假过程中，并不会大程度改变样本的密度、硬度和导热性，所以不能以上述几种方法来判断翡翠真假。

对于翡翠真假的鉴定，需要极强的专业知识，仅靠感觉和经验未必非常准确。笔者建议大家不要嫌麻烦，买卖翡翠的时候，养成看鉴定证书的习惯，对于高价的翡翠，最好亲自拿去鉴定中心检测，最终以正规机构的鉴定证书为准！只有国家认可的翡翠鉴定机构，其出具的鉴定证书才具有权威性。

2.3 翡翠的"优化"

在翡翠的抛光过程中，为了能提高翡翠的种色，会使用酸梅汤、钻石粉、石蜡等，这样并不破坏翡翠的结构。不管是行业内标准，还是国家鉴定标准，这些工艺都是被允许的。还有些偏门方法是不被允许的，比如抛光粉、覆膜、烧红。

笔者把抛光粉、覆膜的造假手法，放在"优化"的章节。因为这两种方法，从目的上来说是以假乱真，从学术定义上来说，并没有破坏翡翠的内部结构，不算是B货翡翠的典型造假手段，可理解为翡翠行业里的"障眼法"。"烧红"的概念比较有争议，属于人工模拟自然形成，行业内并不认可这种方法，但是市场上也有不少烧红翡翠制品。

2.3.1 抛光粉

在缅甸的翡翠市场，经常见到有种翡翠手镯，整体淡绿、淡紫或两色相间。客人在购买的时候觉得颜色浓艳，回国内过段时间之后，发现其颜色渐渐淡去。也有人在国内购买手镯，佩戴两三个月以后，发现手镯颜色变淡

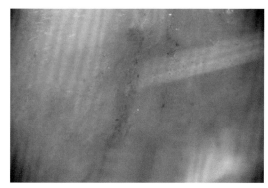

蓝色抛光粉仿造飘蓝花效果，可见抛光粉渗入裂缝处

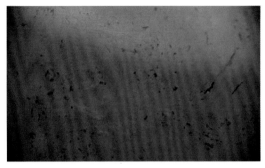

紫色抛光粉仿造紫罗兰翡翠效果，可见表面的抛光粉残余

鉴定结果是翡翠A货，请注意备注栏：样品表面可见紫色
抛光粉

或消失，而当时购买的时候也有翡翠鉴定证书标明是A货。

这种情况很可能是因为"抛光粉"，商家先把翡翠做好鉴定证书，然后再抹上一层"有色抛光粉"，使有色的部分更加浓艳，以此欺骗客户获得高额利润。这种操作有别于普通的翡翠抛光流程，翡翠抛光过程中会使用"无色钻石抛光粉"，目的是打磨翡翠表面，而不是给翡翠着色。

此类造假手段在缅甸比较普遍，迷惑性很大，连很多行家都会上当。货主做好证书再去售卖，消费者买回佩戴一段时间后，抛光粉才慢慢掉落，颜色自

然就没有了。如果在抛光粉还没掉落的时候，拿去鉴定中心检测，鉴定证书上会写：见抛光粉残余，这里说的抛光粉指的是"有色抛光粉"。

鉴别翡翠有无抛光粉并不难，可通过肉眼或放大镜仔细观察，有色抛光粉会在翡翠表面留有痕迹，残留的颜色呈点状、网状和片状分布，容易聚集在翡翠的裂隙或坑洼处。买到有抛光粉的翡翠之后，可用水冲洗或者水煮，并用软刷洗干净。除了用于翡翠成品，抛光粉还用于原石造假，甚至有人会使用液体着色剂，因为原石很少开证书，所以这种迷惑性更大，买家应该仔细辨别。

2.3.2 覆膜

覆膜的字面意思很容易理解，就是给翡翠"穿衣服"或者"涂指甲油"，在翡翠表面涂上有色染料。这个方法和"抛光粉"有共同之处，迷惑性也是很大的。仅仅是表面的覆膜，还可以用肉眼识别，但是对于某些特定的翡翠，比如封底镶嵌的翡翠戒指，只在戒面

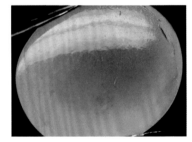

覆膜翡翠的表面，可见像刷了层漆，
部分已经脱落

底部覆膜，以提高翡翠颜色的饱和度，这种方式的覆膜就非常难识别。

覆膜和垫色不同，垫色是贵金属底托的反光，而覆膜是用有色染料覆盖在翡翠表面。笔者见过20世纪90年代的底部覆膜

翡翠戒指，表面上完全是A货翡翠的特征，不拆下戒面就完全发现不了底部细节，这种方法的欺骗性非常大。对于覆膜翡翠的实验室鉴别，可以通过红外光谱和紫外荧光灯鉴别。肉眼识别主要是观察颜色是否在正常范围内，有些翡翠色调不正或种色不符，一定要仔细查看它的表面有无覆膜。

2.3.3 烧红（焗色）

翡翠原石是天然形成的，大部分都带有灰褐色调，显得不够鲜艳。有些人会利用热处理的方法，将某些灰褐色的翡翠放入炉中，在特定的温度下烧制，使它的颜色由灰褐色变为红色，比原本的颜色更加鲜艳亮丽，这种就是"烧红"翡翠，也叫作"焗色"翡翠。

烧红翡翠原料样品

"烧红"翡翠颜色并非天然形成，其原料价值比天然红翡低很多。如何判断翡翠是否为"烧红"翡翠？烧过的翡翠会显得水头很干，质地粗糙，颗粒感明显，抛完光以后也会出现小坑坑洼洼。天然红翡有灰褐色调，"烧红"翡翠的颜色过于鲜艳，并且颜色无层次感，与其他颜色的界线不清晰。

"烧红"破坏了翡翠表面的部分结构，又不同于传统的B货翡翠制作，并没使用强酸浸泡等方法来破坏翡翠的内部结构。"烧红"是在特定条件下，模拟翡翠的自然形成过

程，使翡翠的致色元素褐铁矿变成赤铁矿。对于严重"烧红"的翡翠，实验室会当做B货处理，在证书备注栏里写明"处理"或者"颜色成因不详"。

以上就是常见的几种"优化"，都是通过人为改变翡翠的外观，达到以假乱真和牟取暴利的目的。在学术上来说，这些方法并没完全破坏翡翠的内部结构，有些经优化的翡翠并不算是B货翡翠。但是在现实生活里，我们要把这些障眼法当作造假来同等对待，共同维护翡翠行业环境和消费者的权益。

烧红翡翠成品

2.4　与翡翠类似的玉石

自然界存在很多与翡翠相似的玉石，除了本节介绍的水沫子、玛瑙、碧玉、水钙铝榴石，还有澳洲玉、东陵玉、岫岩玉、独山玉，以及素面祖母绿宝石等众多品种。要正确区分这些宝石，主要还是多看多比，如果不确定是否是天然翡翠，一定要去做鉴定，鉴定证书才是标准答案。

2.4.1　水沫子

水沫子也叫水沫玉，主要矿物成分为钠长石和石英岩，和无色玻璃种极为相似，号称是翡翠行业的杀手级假货。早在十几年前，就有很多国内同行上当受骗，最大金额达到几千万元。近几年由于翡翠知识的普及，大家才认识到水沫玉和玻璃种翡翠的区别。

①水沫子手镯

②无色玻璃种翡翠

③左边是水沫子，右边是玻璃种翡翠

　　水沫子的名字由来比较有意思，因为其内部含有白色的小棉点，像水从高处跌落时溅起的水花，这是区别水沫子和翡翠的重要特征。水沫子密度比翡翠的小，折射率与翡翠也不同。笔者在缅甸见过几颗很小的水沫子戒面，被混在无色玻璃种翡翠戒面里出售，其外观和翡翠非常相似，但是光泽与翡翠不同，内部有类似"水花"的棉，这其实是部分商人在拿水沫子冒充翡翠售卖。

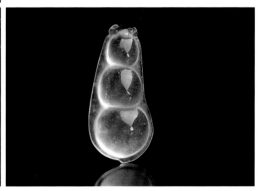

各种水沫子挂件，与无色玻璃种类似

水沫子手镯，极像飘蓝花翡翠手镯

常见的水沫子都是无色透明的，和无色玻璃种极为类似。其实还有其他颜色的水沫子，比如非常少见的飘蓝花颜色。笔者在中缅边境就见过这种水沫子手镯芯原料，底色偏灰的飘蓝花色，透明度非常好。这类水沫子的迷惑性更大，几乎能以假乱真，就算是入行多年的高手，也很容易把它同翡翠混淆。

2.4.2　玛瑙（玉髓）

玛瑙是玉髓类矿物，俗语有"千种玛瑙万种玉"的说法，人们把有颜色纹理的称为"玛瑙"，把没有颜色纹理的称之为"玉髓"。玛瑙在大自然里广泛存在，比如云南保山的黄龙玉，四川凉山的南红玛瑙，南京的雨花石等。玛瑙的颜色非常丰富，其中的红色玛瑙、黄色玛瑙，褐色玛瑙，都与红翡和黄翡的颜色很接近。

南京雨花石玛瑙样本

玛瑙密度比翡翠稍小，玛瑙是2.65克每立方厘米，翡翠是3.33克每立方厘米。硬度比翡翠略高，玛瑙的莫氏硬度是7～7.5，翡翠的莫氏硬度是6.5～7。有些玛瑙的质地较脆，不如翡翠的韧性高，同等外力下更容易受损。

右图为绿玉髓，
左图为天然翡翠

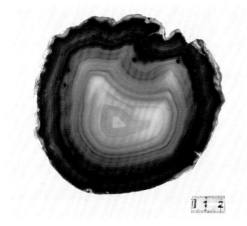

玛瑙样本，可见同心圆状颜色纹理

玛瑙通常都有颜色纹理，颜色的走向比较有规律，呈现出条带状、同心圆状、云雾状、树枝状等。这与翡翠的色根纹理完全不同，翡翠色根几乎没有规律，更不会有几何图案的纹理。要辨别玛瑙与翡翠，不仅要看颜色的纹理，还要从其他方面进行鉴别。

绿玉髓，与高档满绿翡翠类似

黄龙玉也被称为黄蜡石，通常呈现金黄色，和翡翠的硬度差不多，透明度也比较高。由于其主要产自云南保山的龙陵，又以黄色为主色，故最终得名为黄龙玉。2011年实施的《珠宝玉石名称》国家标准，将此类黄玉髓命名为黄龙玉。

云南保山黄龙玉手镯，属玛瑙类

玛瑙表面通常呈现蜡状光泽或玻璃光泽，以南红玛瑙为例，有些呈现和田玉的蜡状光泽，也有些呈现翡翠的玻璃光泽，与冰种翡翠的光泽很相似。整体来说，玛瑙的光泽比较柔和，不如翡翠的光泽强，这也是两者的重要差别。有些产自缅甸大马坎场口的翡翠，种水较好，底子细腻，具有玛瑙光泽，被称为玛瑙种翡翠。

南红玛瑙和红翡（右下）对比

2.4.3 碧玉

碧玉是和田玉的一种，常见的产地有中国新疆、俄罗斯和加拿大等，是深受大众喜爱的玉石品种。碧玉的密度是3.00克每立方厘米，翡翠的密度为3.33克每立方厘米，两者的差别不大。碧玉的颜色与翡翠的绿色极接近，不同之处在于：翡翠的颜色更为鲜艳，有明显的色调变化，碧玉的颜色稍显灰暗，色调几乎没有变化。

碧玉是蜡状光泽，长期佩戴后可见油脂光泽。翡翠主要是玻璃光泽，表面反光比碧玉强，相比较之下，碧玉显得更油润些。这是区分碧玉和翡翠的重要方法。

左边为玛瑙种翡翠，右边为玛瑙

和田玉碧玉手镯和吊坠

和田玉墨玉手镯

和碧玉类似的还有和田玉墨玉，它与墨翠很接近，两者的外表都是黑色，打灯透光时都呈现出绿色，鉴别方法也是观察表面光泽，油脂光泽的为和田玉里的墨玉，玻璃光泽的为翡翠里的墨翠。

2.4.4　水钙铝榴石

水钙铝榴石被缅甸人称为"不倒翁"，是极容易与翡翠混淆的品种，可称之为翡翠行业的"超级杀手"。部分水钙铝榴石能以假乱真，连翡翠行业的高手都难以区分。曾有某著名的上市珠宝公司，不小心将水钙铝榴石当成翡翠卖出去，消费者鉴定后才发现是水钙铝榴石，此事对公司品牌声誉也造成了影响。

水钙铝榴石是一种钙铝榴石的多晶质集合体，呈现出玻璃光泽，半透明至微透明，很容易与底子较干的翡翠搞混。经实验室显微镜观察发现，水钙铝榴石内部呈粒状结构，与翡翠的纤维交织或粒状变晶状结构不同。水钙铝榴石的颜色主要呈团块状分布，绿色水钙铝榴石上通常可见小黑斑，放大检查可见黑色点状物。

水钙铝榴石手镯和鉴定证书

水钙铝榴石，表面可见黑点

水钙铝榴石的莫氏硬度是6.5~7.0，密度3.15~3.55克每立方厘米，与翡翠的硬度和密度非常接近。2004年前后，翡翠市场上出现过黄色水钙铝榴石，其质地细腻，肉眼看不到颗粒，颜色均匀无变化，比一般翡翠的光泽更强，与高档黄翡非常相似。

左边为水钙铝榴石，右边为高档红翡

2.4.5 其他

在大自然界与翡翠类似的玉石品种太多了，远不止以上介绍的几种，甚至还有宝石和半宝石品种与翡翠类似，本文只列举少数常见品种，作为抛砖引玉，其他更多相关的知识，请读者自行去探索和发现。

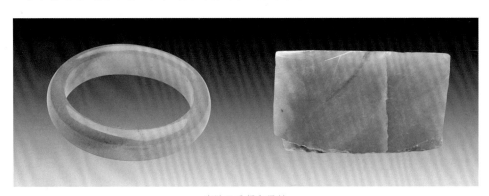

东陵玉手镯和原料

岫岩玉吊坠和手镯

素面的祖母绿宝石戒指，
与高档翡翠非常类似

独山玉吊坠和手镯

翡
翠
鉴
赏

chapter
three

3.1 戒面

3.1.1 价值

戒面是翡翠中的精华，也是翡翠成品的重要类目。拥有一颗种色俱佳的翡翠戒面，是众多翡翠玩家的终极目标。著名的美国收藏家安思远，被誉为"中国古董教父"，收藏了很多价值连城的稀有藏品，而他最喜爱的就是随身佩戴的翡翠戒指，甚至戏言临死前都要把戒指吞进肚子里。

2014年以5164万港元成交，尺寸长26.4mm
（香港佳士得拍卖行）

2014年以688万元人民币成交，尺寸长22.5mm
（香港佳士得拍卖行）

戒面的个头虽小，重量只有手镯的几十分之一，却有很高的市场价值，可以称之为克价最高的翡翠。顶级的戒面价值不菲，在历年翡翠拍卖中都有体现。以2014年全球翡翠拍卖为例，拍卖价最高的翡翠戒指和翡翠吊坠，都是以2183万港元成交。排名第十的翡翠戒指和翡翠吊坠，成交价分别是354万港元和287.5万人民币，两者价格几乎持平。

种色好的翡翠戒面价值很高，这与它的稀缺性是分不开的。戒面的外表都是光滑的素面，只打磨出形状并不雕琢修饰，藏不住棉和裂等缺点。哪怕是一个小小的黑点或白棉，都会影响戒面的价值，这大大提高了戒面的选材难度。不是所有翡翠原石都能取戒面，只有在好种色的石头里，取最完美无瑕的部分，才能制作出高品质的戒面。

人们喜欢翡翠戒面的另一个原因，是戒面可以镶成戒指佩戴。戒指是最常见的首饰，类型和镶嵌款式都多种多样，可以供大众自由选择。佩戴翡翠戒指的人越来越多，还有部分人使用翡翠婚戒代替钻石婚戒。

3.1.2 戒面的种类

根据形状不同，戒面可以分为马鞍戒、椭圆形、正圆形、马眼、四方形、随型等类型。以椭圆形最为常见，正圆形次之，马鞍戒、马眼和四方形稍少见。有些戒面因为原石材料不够，还会根据外形打磨成其他形状，2015年拍卖会上的孔祥熙家族翡翠戒指，形状就比较特殊，因为种色很好，价值也极高。

翡翠戒指（对戒）

常见的椭圆形戒面

马眼戒面

正圆形戒面，可做戒指和耳环

镶嵌的马鞍戒，与传统马鞍戒类似

孔祥熙家族翡翠戒指，2015年以1804万港元成交（香港佳士得拍卖行）

戒面的颜色种类丰富，几乎包括了翡翠的所有颜色，有绿色、紫色、黄色、红色、墨色、无色等。其中以高档绿色戒面的价格为最高，无色玻璃种的价格次之。前些年的玻璃种翡翠收藏热，导致玻璃种戒面被大众追捧，高品质的玻璃种戒面价格甚至超过了部分绿色戒面。

不同颜色的翡翠戒面

除了以形状或颜色区分的命名方式，还有既能表达颜色，又能表达种水的种色组合的命名方式，比如白玻璃戒面、冰种阳绿戒面、冰种黄翡戒面、糯种墨翠戒面等。戒面的种水都不会太差，常见的有糯种或者冰种，品质好的可以达到玻璃种。戒面的颜色通常只有一种，要么绿色要么紫色或无色等，很少见到双彩的戒面，这点与雕件不同。

3.1.3 大小和形状

戒面的形状和大小，对价值的影响非常大。个头越大、器型越饱满的戒面，对翡翠原料的要求越高。大部分翡翠原石都有裂和棉，要取种色好的戒面，并避开纹裂和黑棉等瑕疵，都使得大戒面并不多见。

以椭圆形戒面为例，常见的女戒长度为8mm、10mm、12mm，常见的男戒尺寸为13mm、15mm、17mm，有些做吊坠的大戒面长20mm以上。当然

2014年以71.3万元成交，
尺寸长22.5mm
（北京保利国际拍卖公司）

也有个头特别大的女戒，比如2014年北京保利拍卖行拍卖的一枚女戒，长度就达到22.5mm，器形饱满，颜色浓艳均匀，是值得收藏的精品。

以品质相同的绿色戒面为例，不同尺寸应该如何定价？这并不是简单的递增关系。总体来说，和钻石的定价有类似之处，1克拉、2克拉、3克拉的钻石，价格也是翻倍增长（克拉溢价）。根据常见的市场定价，列举了几个示例，可供大家参考。

戒面长度	8mm	10mm	12mm	15mm
低档戒面	2000 元	3000 元	4000 元	6000 元
中档戒面	10000 元	30000 元	70000 元	150000 元
高档戒面	30000 元	80000 元	250000 元	750000 元

注：常见的戒面定价对比，仅做参考。

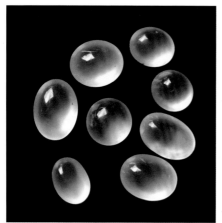

中档冰种戒面，大小对价格影响并不明显

两颗高档戒面，长度分别为8mm和10mm，价格
相差一倍左右

长宽比较好的戒面

略显长的翡翠戒面

由此可见，越是高档的戒面，大小对价格影响越大。以低档戒面为例，8mm的2000元，15mm的6000元，增长了2倍。以高档戒面为例，8mm的30000元，15mm的750000元，增长了24倍。如果是收藏级别的翡翠，8mm和15mm的戒面价格相差，甚至可以达到上百倍。20mm以上的高档戒面，因为极其稀有，价格增幅更是以几何倍数增长。这就是戒面大小对价格的影响。

除了大小的影响，厚度对戒面价格影响也较大。我们把厚度和长宽的比例叫作饱满度，厚度越高，器型越饱满，价格就越高。但是也有些翡翠颜色较深，如果戒面的厚度太厚，反而颜色显得比较暗，价值就容易降低。为了追求更好的种色表现，有些戒面会在厚度上做出让步。

戒面弧度也是影响价格的重要因素。在戒面加工过程中，可能优先考虑个头大小，再去追求表面弧度和整体形状。偶尔能见到弧度不好的戒面，表面像是缺了一块，或最高弧度偏离了中心，这些不完美之处，都会或多或少地影响戒面的价值。

3.1.4 戒面的种色

"色差一分，价差十倍"，说的就是颜色对价格的影响，这句话在戒面题材上体现得淋漓尽致。为什么个头差不多的绿色戒面，仅仅是颜色的浓淡，色调稍有不同，价格相差会如此之大？怎么样理解戒面种色和价值的关系？

翡翠戒面的颜色是定价里最重要的因素，色浓一点或淡一点、阳一点或灰一点，对价格的影响都非常大。颜色偏阳的戒面价格，可能比偏灰的戒面价格贵十几倍。颜色浓淡10%的差别，价格可能就相差几倍。还有色匀不匀，也对价格有影响。越高档的戒面，其颜色的色调和饱和度，对价格的影响越大。

器型饱满、形状、厚度、弧度都较好的戒面，价格较高

颜色偏阳

颜色偏蓝

颜色较浓

颜色较淡

谈戒面的颜色，不能不谈到它的种水。同样的颜色，在不同种水上的表现不同，这点必须牢记于心。同样的一丝阳绿，在豆底翡翠上就像铅笔画的素描线条，在玻璃种上就有水墨画的灵动之美，由里到外映射到整个戒面。常见的翡翠戒面，种水都不会差，至少也是糯种以上。常见的绿色戒面以糯种居多，种水稍差的是豆种，较好的是冰种和玻璃种。

判断戒面的种水比较难，戒面和挂件、摆件比起来，体积相对较小，很难观察到翡翠的内在结构。因为薄厚的关系，使有些糯种戒面看起来像冰种，有些冰种戒面看起来像玻璃种。镶嵌之后，加上部分金属底托的反光，就更难分辨。

冰种戒面和糯种戒面，价钱相差好几倍

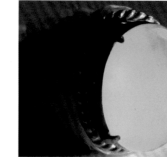

冰种戒面和内部，结构很细腻、色匀

判断戒面的种水，主要看翡翠表面的光泽度，有强烈玻璃光泽的就是冰种和玻璃种，其中内部纯净的可以归类为玻璃种。冰种和玻璃种戒面，能像镜子般反射出清晰轮廓。糯种戒面虽然也有反光，不过不会有镜面效果，反射出的轮廓边界较为模糊。

常见的翡翠戒指镶嵌款式

❈❧ 3.2 手镯 ❧❈

3.2.1 手镯的价值

手镯是翡翠款式里的重要题材，也是价位最高的翡翠饰品款式之一，很多女性都希望能拥有一只种色很好的翡翠手镯。手镯对原料消耗很大，随着翡翠

翡翠麻花镯

原料价格的不断攀升，翡翠手镯的价格也水涨船高，一直在稳定增长。

提到手镯，不得不提起宋美龄的翡翠麻花镯，它是价值不菲的极品翡翠，其来历也有一段故事：20世纪30年代，北京崇古斋有一块翠料，翠色极佳，掌柜请玉工剔除疵点，制作麻花手镯一对。这对翡翠麻花手镯，不但完美无瑕，而且式样新颖，碧绿如水，灵巧美观，居翠镯之冠。上海青帮头子杜月笙以四万大洋买到这件翡翠手镯。宋美龄见到杜夫人佩戴的翡翠手镯，一见钟情，爱不释手，杜夫人只好忍痛割爱。宋美龄从此对这翡翠手镯呵护有加，在她百岁生日宴会之时，就佩戴了这对麻花手镯。

四万大洋在当年的购买力，可以参照1937年，收藏大家张伯驹先生购买《平复帖》的价格，也是四万大洋，并于1956年无偿捐献给北京故宫博物院，使国宝得以保存。《平复帖》书写于西晋，是传世年代最早的名家法帖，也是历史上第一件流传有序的法帖墨迹。陆机的《平复帖》有"法帖之祖"的美誉，是北京故宫博物院镇馆之宝，被评为九大"镇国之宝"，其价值无法用金钱来衡量。

翡翠手镯因其形状较大且完整，制作过程中比较费料，要选用大块原石

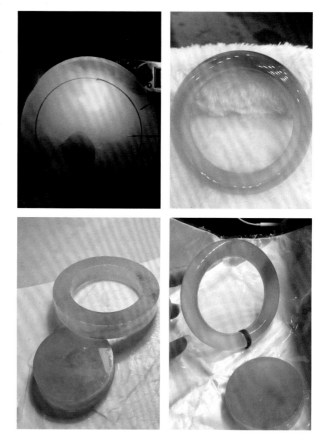

两只有色手镯的制作前后对比

制作而成。镯子表面都是光面，藏不住黑棉和纹裂等瑕疵。通常做手镯的原石可以有大裂，大裂可以避掉，经切割后选取无裂部位制作，不能有太多小裂，如果都是密密麻麻的小裂，则一般不能做手镯。

手镯的加工过程中，大多先使用机器制作毛坯，然后打磨修光，工艺的好坏差异并不大，主要体现在弧面和抛光上。翡翠手镯的条宽和条厚都对价值有影响，太细的价值不高，太厚实的又影响种水，只有翡翠手镯的比例匀称，表面光滑，才算是合格的工艺。如果是有部分颜色的手镯，还要兼顾原石上颜色的走向，争取把最好的颜色保留在镯子上。总体来说，更宽更厚的手镯价值会更高。

3.2.2　手镯的种类

镯子的种色有多种多样，整体的形状都差不多，按照形状可分为以下几类。

（1）圆条手镯

中国人喜欢"圆圆满满"，圆条手镯就代表了这个寓意，所以中国人自古以来都喜欢佩戴此类玉镯。翡翠圆条手镯在清代就非常风行，现在也有很多人佩戴。圆条手镯的外表光滑圆润，能体现出翡翠的种水，如果是品质好的圆条手镯，不管从哪个角度看过去，都会显得晶莹剔透，颜色娇艳欲滴。圆条手镯对原料的要求特别高，藏不住任何瑕疵，所以其价值也很高。

圆条双彩翡翠手镯

（2）扁条手镯

扁条手镯是最常见的翡翠款式，其外侧光滑有弧度，可以体现出翡翠的种水，内侧则是平的，佩戴的时候不容易滑动，所以佩戴的感觉非常舒适。扁条手镯比圆条好取，对原料的要求不如圆条那么高，所以逐渐替代

扁条翡翠手镯

贵妃翡翠手镯

冰种满绿雕花翡翠手镯，
2014年以4370万元成交于北京艺融国际拍卖
有限公司秋拍

非常少见的方镯

圆条手镯，成为市场的主流。现在通常见到的都是此类扁条手镯，几乎占到了市场上的9成。

（3）贵妃镯

贵妃镯是形状椭圆的镯子，看起来比圆条更小巧一些，戴在手上的贴合度更好，佩戴的时候不容易晃动，可以避免日常佩戴的磕碰，很多年轻人喜欢这种镯子。做贵妃镯的大多原因是原石材料不够，出不了圆条或者扁条的时候，就选择做成椭圆形的贵妃镯，导致同种色的贵妃镯比圆条价格稍低。选择贵妃镯的时候，要注意圈口稍有变化，如果圆条佩戴55mm，则贵妃镯一般选56～57mm的，就是比圆条大1～2mm左右，才方便戴上去和摘下来。

（4）雕花镯

雕花镯在清代或者民国时期比较常见，现在已经比较少见。有两种原因会做成雕花镯，一是为了去除翡翠的瑕疵部分，比如黑棉和脏点，需要通过雕刻做修饰。二是为了突出体现翡翠的颜色部分，比如俏色三彩手镯。雕花镯的雕刻内容以纹饰为主，也有雕刻如意、灵芝、花草等吉祥图案的。

3.2.3　手镯的种色

手镯除了按照外形分类，还可以按照种水和颜色来命名，常见的手镯按种水分类有以下几种：豆种镯、油青镯、糯种镯、冰种镯、玻璃种镯等。按颜色分类有以下几种：白底青镯、紫罗兰镯、黄翡镯、双彩镯、绿色镯、飘蓝花镯等。以上三种不同的命名方式，可以叠加组合在一起，比如冰种双彩圆条镯、

糯种紫罗兰贵妃镯，能更准确地概括翡翠的
种水色工。

冰种翡翠手镯

（1）冰种手镯

　　玻璃种和冰种手镯很少见，是种水最好
的手镯，价值非常高，以无色冰种翡翠手镯
为例，底子较细腻，尺寸正装，没有瑕疵
的，价格都可达到百万元以上。如果有阳绿
色或者飘蓝花色，则价值更高。有三分之一段阳绿色的冰种手镯，价值可达到
500万元以上。这类收藏级别的翡翠手镯，通常很少流向零售市场，要么在有
实力的翡翠商家手里，要么在收藏家的保险柜里，偶尔能在拍卖会上见到。

　　冰种手镯的好坏差异，主要体现在颜色和底子上。如果是颜色相同或无
色，其好坏差异就要看底子是否细腻，内部杂质较多的冰种手镯，其价值会很
受影响。底子明显更细腻的手镯，价格可高出三到五倍。比如上图这只翡翠手
镯，就是底子很细腻，胶感很好，且有绿色和黄色，价值五十万元左右。

（2）绿色手镯

　　绿色手镯是颜色最好的手镯，尤其是颜色浓艳、底子细腻的绿色手镯，
一直以来都价值不菲。以种色较好的满绿手镯为最佳，能达到三分之一段的
绿色手镯就很稀有。绿色手镯以豆种居多，常见的就有豆绿色手镯和白底青
手镯。糯种的绿色手镯就具有收藏价值，冰糯种以上的绿色手镯，则是价值
很高的精品。

　　绿色手镯是以颜色来命名，颜色的色调、饱和度和色型都决定着手镯的价
值。同样颜色在不同种水上呈现的效果不同，阳绿在冰种翡翠的效果，会明显

阳绿翡翠手镯一对，
2014年以483万元成交（广州华艺国际拍卖有限公司）

满绿翡翠贵妃镯，
2014年以4380万港元成交
（香港苏富比拍卖行）

福禄寿三彩翡翠手镯，
2011年以1725万元成交
（北京艺融国际拍卖有限公司）

黄加绿翡翠手镯，
2013年以231万元港元成交
（香港佳士得拍卖行）

好于在糯种和豆种，价值也高出很多。哪怕是色型的差异，对价值也有较大影响，颜色分布杂乱的白底青手镯，其价值会低于有整段绿色的手镯。

（3）双彩手镯

双彩手镯也比较多见，比如常见的紫色和绿色（也叫春带彩）、黄色和绿色的搭配（也叫黄加绿）。手镯的黄翡部位可能来自于翡翠原石皮下的"黄雾"，紫色部位则来自于翡翠的肉。有黄色、紫色、绿色同时存在的手镯，那就属于极品翡翠，价值非常高。曾经有只福禄寿三彩翡翠手镯，以1725万元的价格成交。而另一只种色稍差的黄加绿翡翠手镯，也以231万港元成交。

（4）紫罗兰手镯

紫罗兰翡翠手镯比较常见，种色好的并不多。因为紫罗兰翡翠的种色难兼备，颜色好的紫罗兰翡翠，种水通常较差，紫罗兰翡翠挂件都很难有种色特别好的，更别说手镯了。满色的紫罗兰翡

紫罗兰翡翠手镯
2013年以724万港元成交
（香港苏富比拍卖行）

市场价十万多元的紫罗兰翡翠手镯　　　　　市场价一万多元的紫罗兰翡翠手镯

翠手镯，颜色浓艳，种水在糯种以上，就属于高档紫罗兰翡翠手镯，比如香港苏富比拍卖行拍卖的一只紫罗兰翡翠手镯，其颜色非常好，种水达到冰糯种，其2013年的成交价高达724万港元。

（5）飘蓝花手镯

飘蓝花是近几年特别流行的品种，因为原料价格飞涨，导致飘蓝花翡翠手镯也涨价很多。"飘蓝花"指的是颜色种水，按字面意思去理解，"飘"就要求种水较好，达到冰糯或以上，甚至冰种或者玻璃种，这样才能让颜色灵动，"蓝花"就要求颜色是蓝绿色不发黑。评价飘蓝花翡翠手镯的好坏，除了看其

品质很好的飘蓝花翡翠手镯，价值很高

种水和色调之外，手镯不飘色部分的底色也很重要，底色以无色透明为最佳，如果偏灰甚至发黑，价值就会降低很多。

种水稍差的翡翠手镯，颜色发黑，达不到飘蓝花的标准

（6）豆种手镯

翡翠里面最多的就是豆种，豆种手镯也最常见。豆种比冰种和糯种的质地稍差，但其中也不乏精品翡翠，比如豆绿满色和白底青的翡翠手镯。豆绿满色指的是全部豆绿色的翡翠手镯，白底青则是白底上有部分阳绿色的翡翠，这两种都属于高档翡翠。豆绿手镯因为其颜色满绿，价格比较适中，深受大众的喜爱，价值高低取决于底子的细腻程度和颜色的饱和度。白底青翡翠手镯的价值高低，主要是看底色是否白，绿色是否浓阳，还有色型和绿色部分所占的比例。

满色的豆绿手镯，价值较高

上图的白底青手镯，底子白，颜色浓阳，明显好于下图的手镯

3.3　吊坠

吊坠是大家接触最多的翡翠类型，男士女士都可佩戴，可以说是老少皆宜。相比较于翡翠戒面和手镯，翡翠吊坠需要更多的雕刻工艺，玉雕师也各显神通，做出了很多雕工精湛的经典作品。

翡翠吊坠的题材广泛，种类繁多，可分为素件和花件。素件指的是光面较多的翡翠，没有明显雕刻图案，比如福贝、福瓜、如意、水滴、叶子、葫芦等题材；花件指的是以雕刻图案为主的翡翠，比如观音、佛、生肖、花鸟、山水等题材。每种题材都有相应的美好寓意，寄托着人们的美好愿望。

（1）人物类

佛祖　释迦牟尼，也被尊称为佛陀和如来佛。

观音　品性慈悲善良，内心平和宁静，大慈大悲普度众生，是救苦救难的化身。

弥勒　宽容大度，笑口常开，佩戴者可使自己平心静气，心胸豁达。

老子　春秋时思想家，道家学派创始人，著《道德经》，传说是太上老君的化身。

关公　三国时期著名将领，忠义仁勇，被民间奉为"关帝"和"武财神"。

财神　民间传说中主管财源的神仙，寓意安居乐业、大吉大利，财源滚滚来。

山水题材的翡翠吊坠

观音（一）

观音（二）

关公

佛

罗汉　佛教人物，罗汉修行有成，寓意逢凶化吉。

寿星　南极仙翁，神话中的长寿之神，福、禄、寿三星之一，寓意健康长寿。

童子　童子天真活泼，逗人喜爱。有送财童子，欢喜童子，如意童子等。

钟馗　驱邪扬善，降除妖魔鬼怪，常有钟馗捉鬼的造型。

渔翁　传说中捕鱼的仙翁，因常有渔翁得利的说法，寓意生意兴旺，连连得利。

（2）瑞兽类

龙　中华民族的精神图腾，象征着尊贵和权威，民间视其为神圣和吉祥之物。

凤　百鸟之首，象征美好和平，龙凤呈祥是吉祥喜庆的象征。

螭龙　又叫螭虎或草龙，代表力量和权势、王者风范，寓意驱邪避灾。

貔貅　别称"辟邪"，相传为龙王的九子，寓意招财进宝的瑞兽。

金蟾　神话故事里的三足蟾蜍，常见其口衔铜钱，寓意招财进宝、镇宅、驱邪。

麒麟　古人认为，麒麟出没处，必有祥瑞，是仁慈祥和的象征。

（3）常见动物类

虎　虎被誉为"百兽之王"，威风八面，是勇猛与力量的象征。

狮　和虎的寓意类似，两个狮子寓

金蟾

貔貅

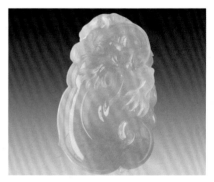

金蟾

仿古龙

意事事如意，狮子摆件寓意镇宅辟邪。

鹤　寿星的坐骑，寓意延年益寿，鹤被称为"一品鸟"，寓意高升一品。

猴　寓意聪明伶俐，也是封侯（猴）之意。常与马一起，寓意马上封侯。

龟　吉祥四灵"龙、凤、龟、麟"之一，寓意长寿，也寓意镇宅消灾。

鱼　年年有鱼，寓意富裕。鲤鱼跳龙门，比喻中举、升官等平步青云之事。

鹿　长寿的仙兽，也有富禄（鹿）之意，寓意长寿和繁荣昌盛。

蝉　寓意"一鸣惊人"，古人认为蝉以餐风饮露为生，把它视作高洁的象征。

蝙蝠　蝠与福谐音，寓意福从天降，"遍福"，有子孙代代幸福吉祥之意。

喜鹊　被认为是报喜的吉祥鸟，是好运与福气的象征，常有"喜上眉梢"的说法。

蜘蛛　外形像"喜"字，寓意喜从天降，好运连连。也有知足（蜘蛛）常乐之意。

螃蟹　寓意八方来财、财运亨通。也有四平八稳，步步高升之意。

老虎

狮子

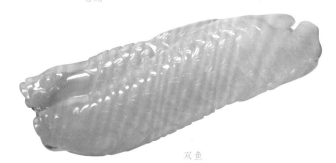

双鱼

（4）植物类

梅　幽香清远，剪雪裁冰，一身傲骨，是为高洁志士。

兰　空谷幽放，孤芳自赏，香雅怡情，是为世上贤达。

竹　筛风弄月，潇洒一生，清雅淡泊，是为谦谦君子。

菊　凌霜飘逸，特立独行，不趋炎势，是为世外隐士。

白菜　与"百财"谐音，寓意财源滚滚来，也有清清白白的意思。

葫芦　与"福禄"谐音，是福禄吉祥的象征，也常作为保宅护家的宝物。

豆角　也称福豆，外形类似于"四季豆"，寓意四季发财或四季平安。

树叶　金枝玉叶，比喻高贵、美丽、智慧的女性。寓意事业有成。

灵芝　"长寿福禄、吉祥如意"之神草，被演化成如意和祥云等形象。

荷莲　出淤泥而不染，象征君子的清廉和高尚人品。佛座亦称莲花座。

瓜果　苹果代表平安，石榴代表多子多福，橘子代表吉利，葡萄代表丰收，其他常见的还有玉米、花生等，都有硕果累累、多子多福之寓意。

叶子（二）

叶子（一）

灵芝（如意）（一）

灵芝（如意）（二）

（5）其他类

宝瓶　瓶与平安的"平"谐音，寓意平安顺利、无灾无病。

平安扣　也称怀古、罗汉眼，古代称之为"璧"，寓意逢凶化吉、出入平安。

路路通　外形类似于古代的翎管，寓意路路畅通、财源滚滚。

长命锁　给儿童佩戴的装饰物，寓意健康成长、平平安安、顺顺利利。

平安扣（一）

随型吊坠

平安扣（二）

平安无事牌

以最常见的人物题材和素件为例，进行详细讲解。

观音

观音是男性佩戴最多的题材，也是翡翠行业内价格较高的题材之一。翡翠观音有两大类，一类是我们所说的正装观音，是最常见的题材。另一类是自在观音，也被行业内称为"飘观音"。两者都是比较受欢迎的题材，特别是正装观音，更受大众喜爱。

正装观音线条比较简单，整体的弧面范围很大，这样能显得种色更好。早期的翡翠观音，背部基本上都是平面，在效果上不如现在的翡

观音（一）

翠观音，现在雕刻的正装观音背部也有雕工，能把光线反衬出来，显得种色更好。

观音（二）

观音（三）

自在观音的画面大多是浮雕的，显得比较立体，一般都是翡翠牌子，大部分个头较大，佩戴效果较好。自在观音的底部可以做得比较薄，通过切薄来显示种水，正面线条比较复杂，通过不同形态的设计，可以优先把颜色保留下来。

自在观音的雕刻比较复杂，主要是对于形态的把握，线条的应用，以及整体比例要和谐。还有不同形态的翡翠观音，比如千手观音、观音头像、观音摆件等。观音的雕工，最重要的是开脸和形态，面部祥和、体态完美的为最佳。以下就是翡翠观音雕刻的一些常见错误。

五官不够端庄（一）

五官不够端庄（二）

手的比例太大

手腕处不够柔和

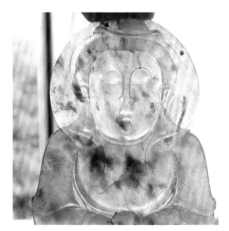

脸部飘色

脸部脏点太多

佛祖或弥勒佛

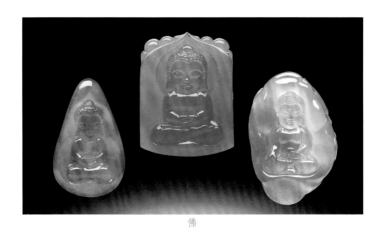

佛

　　观音是男性佩戴最多的题材，佛则是女性佩戴最多的题材。我们常说的翡翠佛，多指弥勒佛，相传弥勒佛宽容大度，能给人们带来福气，可化解种种愁绪。女性佩戴弥勒佛翡翠吊坠，以使自己平心静气，乐观豁达。

正装佛

镶嵌正装佛

布袋佛（一）

布袋佛（二）

宝宝佛

站佛

常见的翡翠佛造型

在翡翠行业里，常见的弥勒佛造型有三种，一种是坐佛，也叫正装佛；一种是站佛；一种是逍遥佛。以坐佛最为常见也最受欢迎，其次分别是站佛和逍遥佛。正装佛的造型都很一致，其差不多三分之一是脸部部位，尽量不能有脏点或瑕疵，也基本上藏不住缺点，对料子的要求较高。如果翡翠原料有脏点或瑕疵（见右图），很难通过设计去弥补，这样的翡翠原料就不适合做佛挂件。

脸部飘色，肚子部位较平

机器雕刻，脸部飘色

左右肩部不对称

肚子小而平，比例失调

坐佛的雕工好坏，主要是看其左右是否对称，脸部是否和蔼，肚子上的弧面是否光滑，形状是否饱满，脸部有无瑕疵等。如果是有颜色的坐佛，其颜色分布的部位也很重要，以满绿和肚子上一团绿的最好。

站佛和逍遥佛也是很常见的题材，因为其长宽比例较好，也比较能体现翡翠的种色，佩戴效果特别美观。逍遥佛的挂件对翡翠原料的要求稍低，可以通过不同的设计，突出翡翠的优点，遮蔽缺点，所以其价值比坐佛和站佛低。

翡翠素件

叶子、豆子、葫芦、福瓜等题材，表面都是以光滑的素面为主，没有明显的雕刻图案，

豆子

叶子　　　　　　　　　　　平安扣　　　　　　　　　　　寿桃

被称为"素件"或"光身件"。这类翡翠可直接佩戴，也可镶嵌后佩戴，是很多人喜欢的类型。素件能很好地体现翡翠的种色，比如冰种翡翠豆子、叶子，就常见起光效果，因为本身的种水较好，加上弧度的反光效果，就会显得种水更好。

　　翡翠素件看似没有雕工，表面都是光滑的，那怎么评价其雕工好坏呢？主要是从翡翠的"型"去评价，具体包括：器形是否饱满、线条是否流畅、比例是否符合美学标准、能否体现翡翠的种色。这里面的前三点是从美学角度出发，第四点是从市场角度出发的，也可以说只有符合较高美学标准的，且能体现翡翠的种色，它才会人见人爱，在市场上具有高价值。

　　器形饱满首先需要有一定的厚度，以常见的翡翠叶子为例，如果厚度只有3毫米，那就是属于偏薄。饱满度并不完全等同于厚度，立体感好的才会显得饱满，光有厚度没有立体感的，甚至会稍显笨拙。翡翠素件的长、宽、厚比例，以及各部位的大小，都需要符合美学标准，包括左右对称、黄金分割线等审美习惯。以上这些标准最终目的是体现翡翠种色。

非常厚实的翡翠福瓜吊坠

　　素件和花件哪个更有价值？两种翡翠类型并不能简单对比。种水很好、瑕疵较少的翡翠原料，通常用于制作成翡翠素件，会呈现出非常好的效果。素件的题材都比较传统，款式经典不会过时。花件主要以图案为主，随着时尚潮流和审美习惯的改变，

線条流畅，器形饱满　　　　　　线条不佳，不够饱满

其款式和图案也随之而变，时常会有最新的流行款式出现。

❧❧ 3.4 其他 ❧❧

3.4.1 珠链

在每年的各大拍卖公司的拍卖会上，都能见到品质优良的翡翠珠链。在知名翡翠品牌的柜台，大多都会陈列一两条满绿翡翠珠链。甚至很多翡翠爱好者，都会收藏翡翠珠链。有些名人或者明星，也在公开场合佩戴过非常漂亮的翡翠珠链。由此可见翡翠珠链在翡翠品种里的重要性，也反映了大家对珠链的偏爱。

翡翠珠链是最耗费原料的品种，而且对原石的要求很高，光是原料成本就让很多商家望而却步，商家并不愿意把最好的原料都用于制作珠链。因此，高品质的珠链可遇不可求，并且都价值不菲，收藏价值及升值空间也非常大，成为很多翡翠收藏家的首选。至今为止，翡翠的最高拍卖纪录就是由项链创造的，苏富比拍卖行拍卖的这条项链（右图），由27颗天然翡翠珠组

翡翠项链

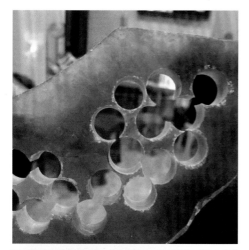

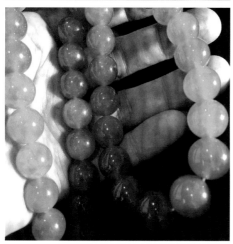

项链的原料和成品

成，翡翠珠直径约19.20毫米至15.40毫米，成交价2.14亿港元，折合每颗珠子的均价约为800万港元。

珠链的制作过程就是"磨珠子"，被调侃成最烧钱的行为，当然这是针对高档珠链而言。大多数珠链的单颗珠子品质并不会特别高，不能拿来和戒面或吊坠来对比。中等长度的项链，需要六七十颗直径10mm的珠子，加起来耗费的原材料非常多。除了常见的满绿项链之外，现在的冰种翡翠项链也受追捧，市场价比满绿项链实惠很多，佩戴的效果非常好。

珠链的款式比较简单，通常都是由圆形珠子组成，也有些是由桶珠型珠子编制而成的。由于成本和市场价都很高，并不是所有人都能拥有梦寐以求的满绿或冰种珠链，市面上大多数珠链都是豆绿项链、糯种项链，颜色也很丰富，常见的有绿色珠链、黄翡珠链、紫罗兰珠链、无色珠链和墨翠珠链等，或者由两三种不同颜色的珠子搭配而成。

翡翠珠链的价格跨度比较大，从几百万的满绿珠链，到几百元的无色珠链，可以满足大多数人的不同需求。有些翡翠爱好者，如果觉得高品质的翡翠珠链价格过于昂贵，也可以用手链替代，或者用高品质的珠子做耳环等首饰。

一／本／书／读／懂／翡／翠

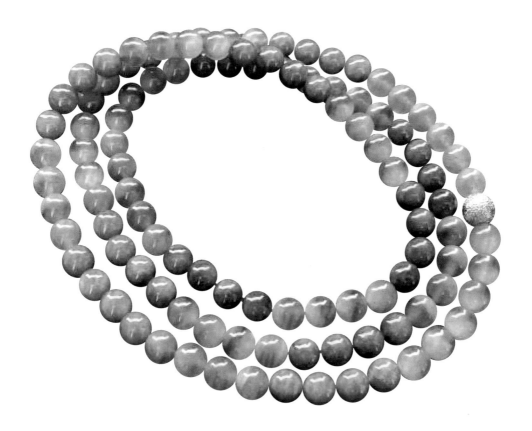

不同款式的珠链和手链

不同颜色的翡翠珠链

翡翠白菜（收藏于台北"故宫博物院"）

3.4.2　摆件

自从翡翠进入中国之后，摆件一直是重中之重。中国翡翠行业的"四大国宝"，就都是翡翠摆件。台北"故宫博物院"的三大镇馆之宝，就有慈禧太后收藏过的"翡翠白菜"。由此可见摆件在翡翠行业的重要地位。

摆件的价值主要体现在原料价值和工艺价值上，其雕刻所耗费的工时很多，有些大型摆件的雕刻，需要由多名玉雕师共同完成，耗费几个月甚至两三年的时间。摆件的用料不会太好，通常是用豆种翡翠原料制作，糯种翡翠摆件就算是高品质的，冰种翡翠摆件的数量更是屈指可数，仅原料价值就非常高。

精品花鸟题材翡翠摆件（一）

精品花鸟题材翡翠摆件（二）

　　翡翠摆件的雕刻设计，要优先考虑保留它的颜色，去除有重大瑕疵的部位，避开翡翠的纹裂，在此基础上去设计题材和图案。一百多年前的"翡翠白菜"就是基于这样的设计思路，成了非常成功的案例。如果当时的工匠，只是把原料切成片，做成手镯或吊坠等，它就不会流传至今。

鹊桥相会山子翡翠摆件，2012年以218.5万元成交

翡翠摆件是品味和财富的象征，得到一件有种有色的摆件，是很多人梦寐以求的事情，但是最终只有少数人能实现这个愿望。摆件的体积较大，制作过程费时费料，由于原材料价格猛涨，摆件的成本在不断提高，产量在逐年锐减。今后的优质摆件会更稀有，价值也会不断增加，升值空间非常大。

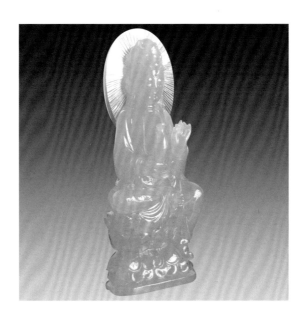

冰种观音摆件

4

评价体系

4.1 翡翠评价体系概述

"翡翠评价体系"是通过种水、色、工等方面的对比，参照大众认可的合理市场价格，让大家明白翡翠的好坏差异，以及这些差异对价格的影响。因为样本数量有限，不能做到面面俱到，难免有疏漏之处。希望读者掌握这些对比方法以后，多接触翡翠样本，多了解翡翠市场价格，最终能做出准确判断。

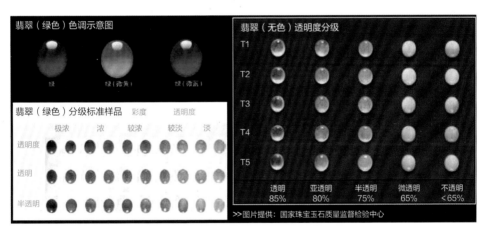

《翡翠分级》国家标准的部分内容

很多相关机构和同行，都在制订翡翠等级标准，并给予对应的建议零售价。比如参照钻石分级的方法，把翡翠的净度和颜色分级，按照不同组合来定价。自然资源部就曾制定过《翡翠分级》国家标准，于2010年3月1日起开始实施。这样对于标准化的探索值得鼓励，但是实际操作起来困难重重。翡翠的工艺价值和美学价值不能完全量化，给翡翠的标准化带来了很大难度。

俗话说"黄金有价玉无价"，黄金的价格是按克价和含金量来计算，玉的价格比较难评估，并不能按照大小或者重量来计算。作为玉石之王的翡翠，其价值到底如何去评估？主要是根据经验判断，通过大量的对比，参照以往同类型的翡翠成交价，从翡翠的"种水、色、工"等各方面综合考虑，制定符合市场规律的相应价格。

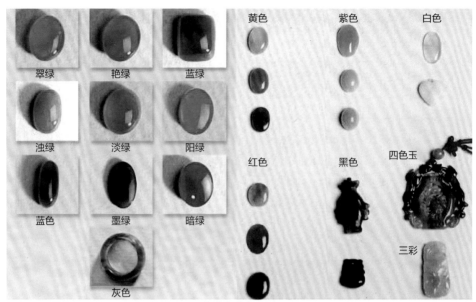

黄色　　　　紫色　　　　白色

翠绿　　　艳绿　　　蓝绿

浊绿　　　淡绿　　　阳绿

红色　　　　黑色　　　　四色玉

蓝色　　　墨绿　　　暗绿

三彩

灰色

翡翠色系实物图

估价	咨询价			
成交价	RMB	53，094，690	HKD	59，590，000
	USD	7，627，520	EUR	5，959，000

2017年保利香港拍卖成交的翡翠手镯

翡翠的主要成本是原料，原石是天然形成且不可复制的资源，经几千万年才形成，高档翡翠原料更是极其稀缺。翡翠行业的"赌石"有不确定性，十万元的翡翠原石，可能切涨到二三十万元，也可能切亏到两三万元，这些过程都是不能完

价值不菲的翡翠原料与成品

全预测的。成品价格和原料成本相关，但并没有绝对关系，不能完全按照原料成本价来计算，主要还是看最终的成品效果，亏和赚都是参照成品的市场行情。

翡翠评价由几个方面组成：种水、颜色、雕工、瑕疵，其中种水（包括种、水、底）和颜色（包括色调、饱和度、色型）是主要因素，"雕工"是指把原料制作成成品的工艺水平，使翡翠的种色得到更好的体现，包括翡翠的题材、大小、工艺等。还有个减分项是瑕疵，包含天然瑕疵和雕工瑕疵。

品质相似的翡翠蛋面，长度为16mm和32mm，价格相差很大

这几大要素里面，比较直观的是"雕工"和"瑕疵"，只需要稍加学习，就可以做出判断。"种水"和"颜色"的字面意思容易理解，判断是冰种还是糯种，颜色偏蓝还是偏黄，颜色浓还是淡，这些基础知识并不难。

翡翠被称为最难懂的宝玉石，难点在于把各种参数细分：如把冰种按品质分成十个等级，把颜色按浓淡分为十个级别，按色调也分成十个级别等，其种、水、色、工的组合就多达成千上万种。每种组合都有相应的市场参考价，要明白各个参数对价格的影响，并找出其中的规律，才算是真正理解了翡翠的价值和市场价格。

4.2 雕工：题材、大小、工艺

雕工是将翡翠从原石加工成成品的制作工艺，不光是指雕刻打磨的技巧，还包括切石、设计、雕刻、抛光等整套加工程序。翡翠只有通过雕刻打磨，美感和价值才能体现出来。除了翡翠原料本身的种水之外，雕工决定着翡翠成品的样子，其对翡翠价值的影响非常大，主要体现在三个方面：题材、大小、工艺。

翡翠的种水是天生的，在其形成的过程中就已经确定，雕工则属于后天的

布袋佛吊坠的创作过程

同种档次的观音和佛，价格比例接近2:1

人为。同样的翡翠原料，在不同雕刻师手里会被做成不同类型的成品，其价值可能相差数倍。雕工的体现和原料有相关的关系，有些翡翠材料的种色好，其成品表现会更好，大件无瑕的翡翠材料，能做成大件饱满的翡翠成品，小件且瑕疵多的翡翠材料，会一定程度上限制雕工的发挥。

4.2.1 题材

翡翠成品的种类很多，有戒面、手镯、摆件和雕件等。其中雕件的题材非常丰富，常见的有观音、佛、山水、花鸟等图案类别，以及叶子、豆子、葫芦等素件类别。同样种色的翡翠，各种题材价值分别如何？相差多少？根据选取样本的市场价和拍卖成交价，总结得出了以下数据，供大家参考。

以某组同料的翡翠为例，都取常见尺寸的样本，其价格大概如下：正装观音60万元、翡翠牌子30万元、大平安扣30万元、正装大佛25万元、站佛20万元、叶子和豆子15万元、16mm长的戒面10万元、葫芦10万元。

其他中高档种色的翡翠，比如无色冰种、糯种阳绿，其价格差异的规律也差不多。我们可以得出以下规律：中高档的翡翠材料，正装观音价格最贵，是正装大佛的两倍多，是叶子的四倍。16mm的戒面、大佛、观音，其价格比例大概是2：5：12。这种规律在中高档翡翠里都普遍存在，如果是低档材料，比如无色豆

同档次的叶子和平安扣，价格比例接近2:1

种、无色糯种，其差价非常接近，并不具有这种规律。

4.2.2 大小

翡翠的大小对价格影响较大，特别是在高档翡翠中，对价格的影响可以说是非常大。个头越大的翡翠，越耗费翡翠原料，对原料品质的要求也越高，因此成品的价值也越高。以观音为例，70mm的观音比60mm的价值高很多，比50mm的价值就高更多，其定价的比例并不是7：6：5，有时候长度相差10mm，价格就相差几倍。我们取高、中高、中档观音的三组随机数据进行对比。

翡翠尺寸	较大尺寸 长 70mm、厚 7mm	常见尺寸 长 60mm、厚 6mm	较小尺寸 长 50mm、厚 5mm
高档观音	80 万元	30 万元	10 万元
中高档观音	15 万元	7 万元	2 万元
中档观音	3 万元	1.2 万元	5 千元

注：常见的样本定价对比，仅供参考。

长75mm厚8.5mm的翡翠观音，
估价60万元左右

可以看出在观音题材中，10mm大小的差异对价格的影响却特别大，比如50mm的高档观音价值为10万元，70mm的高档观音价值为80万元，两者的长度只相差了20mm，价格却差了7倍。同样的例子还有戒面，见下表。

戒面长度	8mm	10mm	12mm	15mm
高档戒面	3万元	8万元	25万元	75万元
中档戒面	1万元	3万元	7万元	15万元
低档戒面	2千元	3千元	4千元	6千元

注：常见的戒面定价对比，仅供参考。

其他题材中的大小对价格影响，基本上可以参照上面两个案例。不光是长和宽对价格有影响，翡翠的厚度、长宽比例、弧面的饱和度，也对价格有很大影响，所以同料而不同大小的翡翠，其价格也可能相差很大。

4.2.3 工艺

工艺对价格的影响，主要是体现在设计、线条和细节上，如果设计新颖，线条流畅，细节刻画完美，就会给翡翠加分，价格也会更高。如果图案设计不合理，不

非常饱满的翡翠方牌，
比普通厚度的价值高很多

工艺精湛的《宝宝佛》，作者为天工奖金奖得主张志坚

符合大众的审美，比如单侧有四瓣的翡翠叶子、四颗豆子的翡翠福豆，其美感就差了很多，价格也会打折扣。关于更多雕工的详细讲解，请参照翡翠鉴赏的雕件章节，本章主要讲解翡翠的瑕疵。

翡翠的瑕疵，一部分是先天缺陷，比如黑棉或者纹裂，另一部分是设计和雕刻的失误。先天的缺点可以后天来补，比如翡翠的纹裂，可以通过雕刻手法来回避。翡翠行业有两件著名的作品：丁惠超的《豆芽》，原料的瑕疵比较多，作者没有按照传统思路，而是大量去除瑕疵后再找型，最终雕刻成立体镂空作品。李仁平的《踏雪寻梅》，白色棉点本来是大缺点，作者把它设计成漫天飞舞的雪花，使缺点变成优点，获得了很好的效果。

原本有裂的翡翠，修饰过以后看不出，对价格也有影响

有裂的翡翠手镯，虽有修复，其价值也大打折扣

　　瑕疵对价格影响多大？这个没有标准答案，要具体情况具体分析。比如价值2万元的龙牌，在边缘部位有避裂雕刻，打个8折比较合理。如果价值10万元的观音，脸部有道较明显的裂，那价格至少要打个5折。价值5万元的翡翠手镯有道明显的大裂，价格可能会变成2万元左右。

　　雕工引起的瑕疵，比如观音左右脸不对称，手臂不一样粗，手腕部线条太粗，这些都对价格的影响很大，完全是不应该犯的错误。有些料子很好的中高档观音，脸上有很突兀的飘色，也算是轻微的瑕疵。玉雕师明知道脸上会飘色，为何还要雕刻成正装观音？因为正装观音比其他题材的

瑕疵：脸上飘花

瑕疵：抛光过度、雕工不好

价值高，就算因为不完美而打个折扣，最终的零售价格还是比做其他题材稍高。

还有些瑕疵来自抛光，有些抛光过程中会用到打磨机，如果翡翠被打磨的时间太长，就会被磨掉很多线条。比如观音脸部的五官，在雕刻的时候是标准的，用打磨机打磨过多，细节部分就很容易被打磨掉。这些瑕疵都是因为疏忽造成的，使翡翠价值大打折扣。

4.3　颜色：色型、色调、饱和度

翡翠的颜色非常丰富，主要有：绿、黄、红、紫、黑、无色等。翡翠颜色是价格体系中的重要参数，主要表现在三个方面：色调、饱和度、色型。色调是指绿色偏黄还是偏蓝；饱和度是颜色的浓淡程度；色型是色根的分布形态。把这几个因素结合起来看，才能去评判翡翠颜色的好坏。

种水较好的翡翠，颜色表现好

同样的颜色在不同种水的翡翠上，呈现的效果和价值都不相同，所以不能脱离翡翠的种水谈颜色。绿色在豆种翡翠上就稍显呆板，在玻璃种翡翠上就灵动飘逸，就像一滴墨滴入水中之后，能在翡翠内部融化得更开，呈现出来的效果极好。颜色呈现的效果，与翡翠的形状也有关。颜色在平面与弧面是完全不同的，在牌子上的表现比较普通，在戒面上的表现就明显好很多。厚度对翡翠颜色也有影响，比如"广片"的加工手法，就是把颜色很深甚至发黑的绿色翡

豆种和糯种翡翠的颜色表现稍差

翠，切成2mm左右的片料，镶嵌后会散发出颜色很正的绿色，和高档翡翠的效果类似。

翡翠颜色还有多种组合，比如黄色和绿色组成的双彩，被称为"黄加绿"；绿色、黄色、紫色组成的三彩，被称为"福禄寿"。这些"双彩"和"三彩"的翡翠，都是比较稀有的，双彩翡翠吊坠都不常见，双彩翡翠手镯就更稀少，价值也比吊坠高出很多。总体来说，这类翡翠是很受市场追捧的。

颜色在弧面的表现效果更好

"春带彩"翡翠手镯

4.3.1 色型

色型是指色根的分布，通常呈现出团状、条状、丝状、点状等特征。色型也和雕工有关系，在设计的时候，应该考虑到颜色分布对价格的影响。翡翠的色型好，且分布均匀的，其价值会大大提高。比如手镯上的颜色，是整段绿色还是点状分布，对价格的影响很大，以某组手镯为例，具体对比如下。

色型	满色	三分之一	一小段色	杂乱分布
高档手镯	300 万元	80 万元	50 万元	30 万元
中高档手镯	80 万元	20 万元	12 万元	8 万元
中档手镯	25 万元	5 万元	3 万元	2 万元

注：以内径58mm的扁条手镯为例，仅供参考。

颜色分布各不相同的翡翠手镯

颜色分布在不同部位，对价格也有影响。以正装观音为例，颜色分布居中或对称，比如在莲花底座和宝瓶部位，其价值就更高，比颜色分布在边缘的翡翠，价格会高出两三倍左右。正装翡翠佛也是如此，以团状绿色遮满肚子部位为最佳，其价值比颜色分布在边缘的高出很多，价格甚至接近满色的佛挂件。多种颜色的翡翠也以颜色居中或对称为最佳。

色型	满色	底座或正中	边缘部位	杂乱分布
高档观音	200 万元	100 万元	50 万元	30 万元
中高档观音	50 万元	25 万元	12 万元	8 万元
中档观音	12 万元	6 万元	3 万元	2 万元

注：以普通大小的正装观音为例，仅供参考。

色型分布很好的翡翠吊坠

4.3.2 色调

淡绿　　　　　阳绿　　　　　翠绿　　　　　艳绿　　　　　蓝绿

　　翡翠的绿色色调可分为偏黄和偏蓝，居中的称为正色调。"正阳绿"就是黄色调很足的绿色，像正午阳光下的暖色，是非常珍贵的颜色。"飘蓝花"就是蓝色调的绿色，与黄色调相对应。有些翡翠既有蓝色调，也有黄色调，比如帝王绿翡翠。

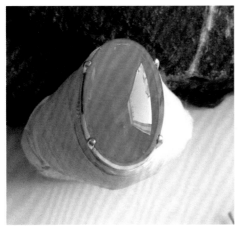
颜色偏阳，价格15万元

颜色偏蓝，价格1.5万元

颜色较浓，价格15万元

颜色较淡，价格2万元

蓝色调，价值较低

黄色调翡翠，俗称阳绿，价值较高

"幸运之星"吊坠，2017年以8000万元
拍卖价成交

黄翡也有色调之分，以正黄色为标准，有些是偏金黄色调的，价值更高，有些是偏褐色调的，价值次之。紫罗兰的色调也有红紫、粉紫、茄紫、藕紫、蓝紫等，每种不同的叫法，都代表着不同的色调。

左图上面的两件翡翠，其外形和种水都差不多，差别就是色调的不同。上面的翡翠颜色偏蓝，市场价十万元左右，而下边的颜色偏阳绿，价格则要二十万元左右。

色调对价格的影响，在高档翡翠上更为明显。同样两颗20mm的绿戒面，偏蓝色调的价格可能为十万元，偏阳色调的价格可能达到百万。2017年拍卖的"幸运之星"，最大的优点就是颜色够阳，器型也饱满，所以能拍卖出8000万元的高价。

4.3.3　饱和度

饱和度是指颜色的浓淡程度。如果把翡翠的颜色比喻成一辆汽车，那么色调就像汽车的方向盘，饱和度就像是汽车的发动机。色调决定方向，饱和度决定路程。通常情况下，颜色越浓的翡翠颜色越艳，比颜色淡的会漂亮很多。有些情况下，饱和度就不宜太高，比如色调偏蓝的绿色翡翠，饱和度太高就会显得发灰甚至发黑，价值反而降低了很多。

在翡翠的雕刻过程中，有个很重要的工艺叫"调色"，就是针对翡翠颜色的饱和度而言的。如果材料本身的颜色偏淡，就尽量保留厚度以显得颜色浓一些。如果材料的颜色偏深偏暗，就会做薄以降低饱和度，使得颜色的表现更完美，很多高色的镶嵌件就是如此。如果既有厚度，颜色又够浓艳，那就是非常难得的珍品，比厚度稍薄的翡翠价值高出很多倍。

翡翠颜色的整体表现，主要就是色调和饱和度的多种组合。将色调和饱和度的浓淡分别划分成十个等级，就有一百种不同的颜色组合。以绿色翡翠戒面为例，其色调和饱和度的组合不同，分别导致价格的不同。这种颜色的组合，如果表现在翡翠观音和佛等雕件上，其对应的价格差异就会更大。

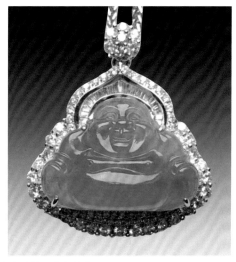

左图颜色较淡，右图颜色浓艳，饱和度高

饱和度	很浓	较浓	正常	较淡	淡
阳绿	36 万元	24 万元	12 万元	9 万元	6 万元
偏阳	18 万元	12 万元	6 万元	4.5 万元	3 万元
正绿	9 万元	6 万元	3 万元	2.25 万元	1.5 万元
偏蓝	4.5 万元	3 万元	1.5 万元	1.18 万元	0.75 万元
蓝绿	2.25 万元	1.5 万元	0.75 万元	0.56 万元	0.38 万元

注：在这组数据中，很浓和蓝绿组合的前提是翡翠不发黑。如果是蓝绿到发灰，则浓度越高，戒面颜色越黑，价值反而越低。

色调和饱和度都非常好的翡翠戒面

4.4 种水：种、水、底

种水是翡翠评价体系的基础，由种、水、底三个方面组成。种是翡翠的结构与构造，水是指翡翠的透明度和表面反光。"种"和"水"有密不可分的关系，可以说"种"是翡翠的内在结构，"水"是翡翠的外在表现，两者是不可分割的。

玻璃种翡翠戒面，价值是糯种戒面的十几倍

4.4.1 种水

种水对于价格的影响是非常直观的，以无色的正装大观音为例，豆种价值几百元到两千元为主，糯种价值两三万元，冰种价值二三十万元，玻璃种价值近百万元。可以说种水差1个级别，翡翠的价格可能差十倍之多。

冰种，价值30万元

较为纯净的玻璃种，价值30万元

普通的玻璃种，稍小，价值几万元

豆种，价值1万元

种水对有色翡翠的价格影响也如此，以颜色浓阳的绿色戒面为例，如果尺寸较大且形体饱满，糯种价值十几万元，冰种价值四五十万元，玻璃种价值两三百万元，可见其价值差别非常大。绿色翡翠的种水比无色翡翠的种水更难判断，无色翡翠的种水可以参照其透明度，绿色翡翠的透明度被颜色掩盖了，无法通过透明度来判断，主要是根据光泽度和表面的镜面效果去判断。

冰种翡翠珠链，价值是豆种珠链的几十倍

冰种观音

玻璃种观音

冰种佛

玻璃种佛

冰种和玻璃种，价格相差十几倍

我们以玻璃种、冰种、糯种、豆种等命名，来区分不同种水的翡翠。这种分类方式只是大概的划分，不能准确量化翡翠的种水，比如冰种还能分为冰玻种、高冰种、冰种、冰糯种等，豆种翡翠也有粗豆种和细豆种之分，细豆种翡翠的价值与糯种接近。

通常情况下，玻璃种的价值大于冰种，冰种的价值大于糯种，糯种的价值大于豆种。但是也经常有例外情况，有些种水好的糯种翡翠，因结构细腻而起胶感，其价值往往超过普通的冰种。有些冰种翡翠的粗棉比较多，晶体结构不够细，其价值就大打折扣。关于这些知识，我们在本书"翡翠的种水"里面有详细讲解。

4.4.2　底

"底"也叫作"地"，指翡翠的纯净度，它与翡翠的种水相关。种水好的翡翠，底都不会太差。有些翡翠里面有杂质脏点或棉絮，那就叫作底不好。底对价格的影响主要体现在高档翡翠上，特别是冰种以上的绿色翡翠，或者玻璃种的无色翡翠。以无色玻璃种正装观音为例，因为底的纯净度不同，其对应的价格关系如下。

底纯净度	纯净	较纯净	一般	浑浊	很浑浊
玻璃种	90 万元	60 万元	30 万元	22.5 万元	15 万元
冰种	30 万元	20 万元	10 万元	7.5 万元	5 万元
糯种	3 万元	2 万元	1 万元	0.75 万元	0.5 万元

注：以65mm厚7mm，雕工较好的无色观音为例，仅供参考。

底非常纯净的叶子

底比较纯净的叶子，稍有棉

雪花棉手镯，底非常纯净

我们常说有些翡翠底色"发灰"，这是由翡翠的颜色引起，和翡翠的底有很大关系。如果翡翠种水不好，底不纯净，就会有较多杂质，影响了翡翠的透明度，使颜色映射不出来，就会导致翡翠底色"发灰"。反之则是底子纯净，整体显得更通透，颜色也容易映射出来。

有底色且非常纯净的手镯

底非常纯净的吊坠，颜色表现也好很多

以上就是翡翠评价体系的几大因素。很多人会问翡翠的颜色重要还是种水重要？种水和颜色是评价翡翠的两个最主要因素，应该将颜色和种水结合起来综合考虑。

本章并没有按照"种、水、色、工"的顺序去讲解，而是先讲了翡翠的题材、大小、工艺、瑕疵、色型分布等，因为这些比较直观，更容易理解。后面讲了色调、饱和度、种水和底，这几个部分比较难理解，需要读者多看多比，结合相应知识点和样本数据去理解。

5

购买与收藏

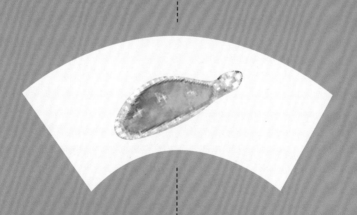

5.1 翡翠集散地

翡翠是他山之石，产自于缅甸等地，却在中国大放异彩。这不仅与它的美丽有关，还得益于众多翡翠从业者的共同努力。一批批翡翠人用勤劳和智慧，将看似普通的翡翠原石打磨成出彩的精美珠宝，把翡翠之美发挥到极致，造就了翡翠市场的繁华景象。翡翠行业并不为大多数人所知，甚至充满一些神秘色彩，要想深入了解翡翠行业的点点滴滴，就必须了解以下几个重要的翡翠集散地。

翡翠集散地主要分为几大地区：以曼德勒和内比都为主的缅甸板块，以瑞丽、腾冲为主的云南板块，以揭阳、平洲、四会为主的广东板块等。这些地方的风土人情各异，加工的翡翠类型不同，技艺也各有所长，都对翡翠行业发挥着重要的作用，使之形成了完整的翡翠产业链。

（1）曼德勒

曼德勒是缅甸的第二大城市，历史上的几个朝代都曾在此建都。当地的华侨较多，经常能在此遇见中国面孔，其中有不少华人在经营翡翠生意。曼德勒经济比较落后，人均月工资折合人民币只有几百元，城市建设很像20世纪80年代的中国小城镇。但这并不会让曼德勒的魅力打折扣，这里有著名的曼德勒皇宫、曼德勒山、爱情桥、翡翠市场等景点。

曼德勒的爱情桥，有"世界最美落日"之称的景点

曼德勒的民风淳朴，市民都友好善良，这与他们的信仰有关。曼德勒是著名的佛教圣地，大小寺庙不计其数，当地居民都很虔诚，会把大部分存款捐给寺庙用于修建。当地人对华人很友好，会笑容灿烂地打招呼，华人给从事翡翠行业的商人，带来了很多的经济收入。市场内的华侨商号可提供翻译和中介，在交易过程中收取部分佣金。

曼德勒的翡翠交易市场

曼德勒靠近翡翠主要产地密支那，是缅甸最重要的翡翠交易集散地。缅甸人并不太理解中国的玉雕文化，没有高超的玉雕工艺做雕件。曼德勒的翡翠交易以原石和片料为主，成品只有戒面和手镯。当地的师傅们对翡翠的理解很深，切料和戒面加工的水平很高。还有些老师傅有着三十多年的经验，石头怎么切，戒面怎么磨，会经由他们来指导和把关。

传统的翡翠加工设备

曼德勒的翡翠加工

曼德勒的交易模式比较特别，和我国翡翠店的开门迎客的方式不同。在交易市场里，通常都是买家坐定后等人送货上门，买家看货给价商谈，货主决定卖不卖。如果买家给的价太低，货主就会拿给其他买家看，最终与出价最高的买家成交。这样的交易规则公平合理，对于货主来说有选择余地，更容易将翡翠卖出高价。曼德勒的翡翠商人大多比较诚信，只有少部分人在零星兜售B货翡翠，建议大家买翡翠的时候，在当地做完鉴定证书再付款。

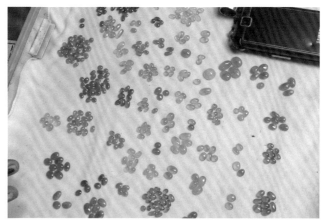

缅甸人对戒面种色的把握非常精准

（2）瑞丽

云南的翡翠集散地较多，瑞丽、腾冲、昆明等地都有规模较大的翡翠市场。最具代表性的还是瑞丽，瑞丽市与缅甸相邻，有独特的口岸优势，方便翡翠进入中国境内。瑞丽是著名的旅游城市，每年都有很多慕名而来的游客，许多人都会在旅游途中，在瑞丽购买些翡翠留作纪念。瑞丽有好几个翡翠市场，有几百家不同规模的翡翠店，其中有不少是缅甸人在此经营。

瑞丽的翡翠原石交易市场

在瑞丽姐告特区的玉城，是历史最久的翡翠市场之一，营业时间从早晨六七点开始。早市主要以翡翠同行交易居多，有经营翡翠原石的缅甸商人，有瑞丽市区经营翡翠成品的店主，有选购原石的玉雕师，还有不少来此选购翡翠的游客。瑞丽的珠宝街上有几百家翡翠店，翡翠的品种很多，价格从几百元到上百万元都有。德龙翡翠市场以前主要经营翡翠原石，现已发展成最热闹的翡翠直播基地，每天都有主播和货主在此聚集，通过网络直播将翡翠销售到各地。

瑞丽的戒面交易现场

瑞丽的翡翠戒面套装

　　很多缅甸人在瑞丽经营生意，大多数是专做翡翠戒面，有些已在瑞丽生活了十几年，甚至会讲一口流利的中文。在瑞丽的珠宝街，随处可见缅甸人背着包在售卖翡翠，包里装着缅甸加工的戒面，单价从几千元到几十万元不等。他们积累了多年专做戒面的经验，凭着过人的好眼力，在缅甸曼德勒收购戒面，在瑞丽持证出售戒面。笔者在瑞丽遇到不少缅甸同行，都是在曼德勒认识的，还去他们家里做客和交易翡翠戒面，相处都很愉快。

（3）揭阳

　　揭阳翡翠主要是说阳美村，阳美村有"中国玉都""亚洲玉都"的称号，从事玉器加工贸易的历

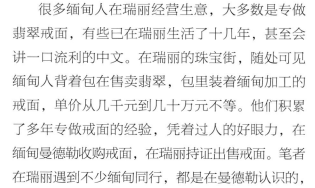

缅甸人加工戒面的过程

揭阳的翡翠店陈列

产自揭阳的高档翡翠

史悠久，至今有一百多年的历史，从业人数达到十几万人。国内九成以上的高档翡翠都产自阳美，而阳美村更是家家户户都从事玉器行业。每次缅甸翡翠公盘，揭阳玉商都包飞机去缅甸参加，人数占据国内玉商的半数之多，其实力可见一斑。

揭阳翡翠以高档色料和种水料为主，观音和佛、戒面、叶子、豆子等镶嵌件也较常见。揭阳的翡翠加工技术精湛，被行内称为"揭阳工"，是玉雕界最重要的技术风格。有些翡翠光看工艺就知道是出自揭阳，比如揭阳加工的翡翠戒面，大多数都非常工整，器形饱满，弧度流畅，工艺水平要远高于其他地区。

时至今日，"揭阳翡翠"已成为高档翡翠的代名词。在揭阳的翡翠市场，售价几十万元的翡翠很常见，也有价值上千万元的精品，高档翡翠之多，绝对不少于任何珠宝展。高价值的翡翠代表着高品质，并不是商家在漫天要价，只是多数人对于高价值翡翠并不了解，平时能接触到的机会也极少。揭阳的翡翠店普遍都不大，没有零售市场追求的豪华装修，来店里看货的都是懂货的同行，不在意这些外在的排场，只在意翡翠的品质和价格。

（4）平洲

平洲位于佛山市南海区，是国内最大的翡翠原料交易集散地，也是最大的翡翠手镯加工基地，市场上绝大多数的翡翠手镯都出自平洲。平洲珠宝玉器协会是翡翠行业最知名的组织，成立于2001年，在册会员人数5万多人，都是翡翠行业的资深人士。该协会从2003年开始，便引进缅甸玉石货源，不定期举办玉石投标交易会，为会员创造了玉石原料交易的大平台，吸引中外

平洲的翡翠投标大会

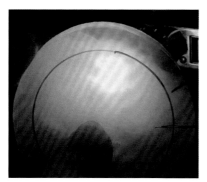

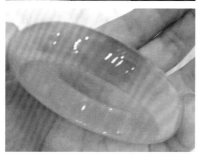

手镯从原料到成品的过程

玉石商人的广泛参与。

平洲公盘在行业内是大名鼎鼎，是除缅甸公盘之外，最重要的翡翠原石交易渠道，几乎形成了垄断之势。平洲公盘每月举办一到两次，卖方以缅甸矿主为主，买方以人数众多的平洲玉协会员为主，交易地点就在平洲的十余家翡翠标场。每场公盘的交易额都在几亿元以上，全年累计成交金额都会高于当年的缅甸公盘。标场开标的时候，经常是人头攒动、热闹非凡，上万份翡翠原石被放在地上任人挑选，这样的场面被戏称为"中国最贵地摊"。

平洲在翡翠原石交易环节有着巨大的渠道优势，使得众多翡翠原石聚集在平洲，也造就了平洲在翡翠手镯加工环节的优势。手镯是大众最喜欢的经典款式，对原材料的损耗也是非常大。能做手镯的原石并不多，首先是个头要大，体积较小的原石往往做不出手镯；其次是内部纹裂不能太多，这就对原石的品质有所要求。平洲的手镯加工已经有二三十年的历史，手镯加工厂有几百家，从切料到手镯成品的各个环节，都已经形成规模，每年的产值高达几十亿元。

（5）四会

四会是广东省肇庆市辖区的县级市，翡翠从业人员多达十万人以上，全国80%的中低档翡翠吊坠都出自这里。四会的玉雕历史有上百年，原集体性质的四会县玉雕工艺厂解体后，很多工人自立门户做起了玉器加工，经过几十年的发展，现在已经是蓬勃发展，欣欣向荣。

天光墟翡翠交易市场

凌晨3点的天光墟翡翠交易市场

　　"毛货交易"是四会翡翠市场的特色。毛货是雕刻完还没抛光的半成品，和赌石一样有赌性，抛光的效果无法完全准确预测。四会的天光墟翡翠市场，是著名的翡翠毛货交易市场，也是全国最具特色的翡翠"鬼市"，交易时间从凌晨两点到早上六点，同时有几千个档口在营业，买家则是来自本地和外地的同行。这些还没抛光的翡翠毛货，就出自四会数以万计的玉雕师。随着大家健康意识的加强，现在这种通宵交易的方式正在改变，交易时间已部分更改到晚上八点至十二点，部分翡翠市场在上午也提供毛货交易服务。

　　四会最常见到价格实惠的翡翠，最低能到几十元的挂件、两三百元的珠链、几百元的翡翠手镯，这些价格都是消费者很难想象到的，四会翡翠以高性价比吸引着众多翡翠商人来此进货。由此可见，翡翠的价格并非都高不可攀，

也有平易近人的。价格和品质成正比，珠宝级别的翡翠价值不菲，是因为其稀有和漂亮，首饰级别的翡翠价格就相对实惠很多，更适合大众消费。

翡翠集散地还有广州华林寺、云南腾冲、河南南阳等，每个地方都各具特色。比如腾冲也是云南和缅甸交界处，离翡翠产地很近，是早期翡翠进入中国的必经之地。广州华林寺珠宝市场则因为地理优势，汇集了揭阳、平洲、四会等地的翡翠，是对外批发销售的重要平台。各省市的珠宝城和古玩市场，比如北京潘家园，上海城隍庙，深圳水贝珠宝城，都有很多翡翠商家聚集，值得大家常去参观学习。

抛光前后对比图

5.2　购买翡翠的经验

不管是普通消费者、爱好者、收藏家，还是做翡翠生意的商人，都会面临怎样买到高性价比翡翠的问题。我也遇见一些朋友，拿出以前买到的翡翠，有些升值很多，涨价几倍甚至几十倍；有些价值增幅很小，只是随物价同步增长。怎样才能购买到高性价比的翡翠？我觉得可用三句话概括：选对人、看准货、谈好价。

5.2.1 选对人（购买渠道）

"选对人"是买翡翠的第一要点，主要是选择购买渠道。通常有以下购买渠道：商场品牌店、旅游景点、古玩市场、集散地和拍卖会等。每个渠道的翡翠来源不同，价格也不同，其经营策略也不同，各有优缺点。本文讨论的案例是随机选择的，只是给读者做个对比，并不代表所有类型的渠道都如此。

香港某品牌珠宝店翡翠的陈列

在商场购买翡翠，是大部分人的主要选择。因为商场专柜的货，不需要考虑真假问题，几乎所有商场的翡翠都是真的，没有哪个商家会卖假翡翠给自己惹麻烦。国内有很多翡翠品牌连锁店，某些知名珠宝品牌也有翡翠专柜。对于完全不懂翡翠的人，这是个很好的购买渠道，购物风险较小，品质有保障。不过商场渠道的运营费用较高，最终的翡翠零售价会稍偏高。还有部分不知名的商家，利用商场的信誉度，把翡翠价格标得特别高，存在以次充好卖高价的问题，消费者需要仔细辨别此类商家。

某景点的翡翠原石

原石在灯光下呈现出诱人的种色

有很多去云南旅游的游客，都被导游带到过景点的翡翠店购物，在其他省市也常有类似的事情发生。云南景区的翡翠店较多，虽然成交单价不高，但是成交数量较多。在翡翠发展的初期，因为其地理位置优势，翡翠价格也有很大的优势，给很多游客带来过实惠和便利。云南各大旅游景点都有很好的翡翠，比如瑞丽珠宝街、姐告玉城、腾冲翡翠城等地，这些地方也有很多著名的翡翠品牌。要特别提醒消费者，如果碰见"做局"的商家或者"黑导游"，大家千万别信以为真。

古玩市场的地摊交易

古玩市场的各种玉器

古玩市场是翡翠爱好者最常去的，其翡翠品质有好有坏。有的摊位摆着几十块的B货翡翠，而相邻摊位则摆着好几万元的天然翡翠，还有些摊位将真真假假的翡翠混着卖。古玩市场并不缺少精品翡翠，在有些老字号古玩店或者翡翠店里，经常可见价值很高的翡翠。需要提醒大家的是，碰见颜色很好，价格还特别便宜的翡翠，千万要多加小心，别以为能轻易捡漏，以笔者的经验，这类翡翠有99％的可能都是假货。

拍卖会现场

模特展示的拍卖品

　　拍卖会是高档翡翠的重要交易方式。大家不要看拍卖会上的翡翠成交价很高，就误以为拍卖会的东西没有性价比。其实国内大部分的知名拍卖公司，其翡翠的估价和成交价都非常合理，甚至比普遍的零售价略低。在选择拍卖公司的时候，一定要选择信誉好的公司，比如保利、嘉德、苏富比、佳士得等。这些优秀的拍卖公司，对于高档翡翠的估价相当精确，可以说是高档翡翠价格的风向标。只要选择对了拍卖公司，自身也有眼力和财力，完全能以合理价格买到高档翡翠。

集散地的翡翠市场

集散地的翡翠交易

　　去集散地购买翡翠的，一般都是翡翠行业的专业人士。这些翡翠集散地在翡翠行业扮演不同的角色，各地都有其性价比高的明星产品，比如缅甸的原料和戒面、四会的中低档挂件、平洲的手镯、揭阳的满色镶嵌件等，这些类型的翡翠都很有价格优势。几大集散地是商家进货的地方，大部分翡翠的价格都相对实惠，少部分高档翡翠的价格看起来很高，实际上还是普遍低于市场价。至于能否选到高性价比的翡翠，除了"选对人"，还要具体情况具体分析，也就是"看准货"。

5.2.2　看准货（具体分析）

　　"看准货"就是能识别翡翠真假、辨别翡翠好坏，并了解其合理价格。要"看准货"必须有不骄不躁的平常心，熟悉各种看翡翠的灯光环境，了解常见的翡翠行业技巧。想要提高眼力就要多看、多买，丰富经验，时间长了才能磨炼成翡翠行家。以下介绍一些常见的看货经验，供大家参考。

　　在不少珠宝城都有这样的情况：卖钻石的店里灯光够白够亮，卖南红玛瑙的灯光偏红，卖翡翠的灯光偏黄或偏紫。灯光对翡翠的影响很大，同件翡翠在不同灯光下的表现，可能导致价格相差好几倍。行业习惯是：天气晴朗的时候，在正常自然光下观看翡翠。因为阳光的色温变化较小，这样能减少灯光对翡翠种色的影响。

正常色温下的翡翠展示

　　在四会的天光墟翡翠市场，因为条件比较简陋，档主都使用传统的应急灯。仔细观察就会发现各种灯光的不同：卖种水料的档口使用的是白光；卖颜色料的档口使用的是黄光；卖紫罗兰为主的档口使用的是泛紫的灯光。这就是利用不同灯光，使得翡翠的表现更好。建议大家在自然光下观看，才能看准翡翠的颜色。

同块翡翠原石在自然光和灯光下的差别

有些时候的条件有限，比如晚上没有自然光怎么办？那就尽量找到参照物，比如使用白色纸巾做底衬，或以日常佩戴的翡翠做参照物，这样可以通过对比，判断翡翠的颜色和种水。在不同灯光下多观察多对比，体会翡翠最真实的种色。曾经有朋友告诉笔者，晚上被约去宾馆交易翡翠，结果买贵了不少。当时看起来很漂亮的翡翠，第二天拿到阳光下看，就感觉颜色不如预想的好，这就是没注意到灯光的影响。

翡翠买卖过程中，经验老到的卖家都有不同的"套路"。笔者在缅甸看原料和戒面的时候，每次碰见颜色偏深的戒面，卖家便主动拿出手电筒打灯看，或者让笔者拿到阳光下看货。因为颜色深的戒面，在强烈的阳光照射下，颜色会表现得更加浓阳。看似不经意的动作，却巧妙地提高了翡翠的颜值，这都是多年的经验积累。

在购买翡翠的时候，要仔细查看瑕疵。翡翠都是天然形成，难免会有纹裂等瑕疵。雕刻技术里有个工艺叫避裂，雕刻师会根据纹裂来设计图案。消费者在购买翡翠的时候要注意观察，特别是在购买高档翡翠的时候，要明白玉雕师的设计思路和避裂方法，衡量纹裂对价值的影响。有些纹裂在特定角度是看不出来的，要借助灯光在不同角度观看，购买手镯的时候更应该细心查看。

镶嵌后的翡翠，特别是镶嵌封底以后，其纹裂就比较难发现。比如封底镶嵌的戒指，除了看戒面表面表现之外，还要猜测戒面底部的

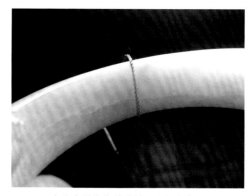

内壁有裂的翡翠手镯，比较难发现

造假的翡翠原石

情况。有些看起来非常饱满的戒面，背面也可能是挖空的，这种镶嵌后的反光效果会不同于普通戒面，需要反复对比后才能发现。翡翠原石的学问更深，有些是扬长避短，把原石最好的部分展示出来，有些甚至使用造假手段。如果不是翡翠行家，甚至对翡翠没有基本的认识，就不要轻易购买翡翠"赌石"。

5.2.3 谈好价（价值评估）

翡翠并没有严格的定价标准，种色和艺术性等数据也无法量化，这也导致翡翠价格的不透明，让"讨价还价"在交易中显得很重要。翡翠是根据经验和对比来定价，但也是有迹可循的，并不是毫无依据地随意要价。只要明白翡翠种、水、色、工对价格的影响，再加上多买多卖的经验积累，就能基本掌握翡翠的市场价格的规律。

说到"砍价"，最主要是对翡翠价值的评估，前提是买家对翡翠有所了解。最理想的状态就是不以最高价，也不以最低价成交，最终的成交价在合理范围内：卖家有合理利润，消费者也买到物有所值的翡翠。如果卖家抱着一锤子买卖的心态，买家抱着捡漏占便宜的心态，那"砍价"就没有任何意义了。"砍价"是在价格合理范围内的商量，不是偏执地往下砍价或往上加价。

最重要的建议是不要有"捡漏"的心态，特别是对于翡翠消费者，不要听太多捡漏的传奇故事。有捡漏心态的人往往顾此失彼，掉入买卖的陷阱。俗话说"买的没有卖的精"，在翡翠行业更是如此。笔者深入翡翠行业多年，买卖过的翡翠不计其数，除了赌石的时候赌涨过，从没碰见过其他"捡漏"的机会。最终能以均价的七八折成交，就算是非常优惠的价格。

在翡翠行内的买卖中，砍价并不是要靠口才和辩论技巧，靠的是眼力和经验。卖家可以轻易分辨买家是新手还是行家，看买家拿翡翠的手法就知道。还有些拿起翡翠就急于找电筒看透光，那也是经验不足的表现，看翡翠首先要看种色的外在表现，打灯只是查看内部有无瑕疵。如果买家缺乏对翡翠的认知，仅靠个人口才来还价，那么卖家就可能会"开高价再打折"，如某些翡翠品牌会经常打折促销，实际上并没有亏本大甩卖，只是迎合消费者的这种喜好。

成交价1524.5万港元的翡翠项链（2019年佳士得春季拍卖会）

"贵的翡翠会越来越贵，便宜的翡翠会越来越便宜"，这是笔者对翡翠价格趋势的基本判断，同样适用于翡翠的交易过程。品质中低档的翡翠，其成本也相对较低，通常能以优惠的价格成交。而高档翡翠的成本非常高，远超出普通消费者的想象，导致很多人对高档翡翠的价格有误解。品质很高、人见人爱的翡翠，价格肯定会比较高，往往都会高过绝大多数消费者的预期。笔者的建议，是在能承受的价格范围内，要出于内心的喜欢，而不仅是觉得价格便宜，如果这件翡翠的确很不错，那价格稍高于市场平均价也是可以接受的。

以上就是翡翠买卖过程中的要点，都是基于对翡翠的了解，在实战买卖中积累的经验，想练出好眼力就要多看、多学，把翡翠的理论知识和实践结合起来。

5.3　网购翡翠可靠吗？

互联网和移动互联网的发展，给消费者带来了很大的便利，网购也在悄无声息地改变着大家的购物习惯。拿翡翠行业来说，十年前我们不能想象连翡翠也能通过互联网交易，而现在网购的交易量已经超过实体零售店。网购翡翠可靠吗？笔者的答案是肯定的，网购翡翠不光可靠，而且非常便利。

通过网络出售翡翠的卖家里，大部分同行都遵守着这样的行规：消费者收货后，有三天鉴赏期，可以拿去鉴定中心检测，如果不满意可以退货退款。这样的行规能增加商家的信誉，保障消费者的权益。大家都共同遵守规矩，拒绝无良商家的"坑蒙拐骗"，翡翠行业才能健康持续发展，消费者也能得到更多实惠。

通过直播方式卖翡翠的玉商

网购翡翠最早是通过淘宝、QQ好友、翡翠论坛平台等方式交易。现在的很多翡翠商家选择做"微商"，将图片或视频在"朋友圈"展示。这两年还有通过"淘宝直播"等方式交易的，可以通过视频直播边看货边洽谈，比之前的交易方式更加便利，使翡翠交易可以随时随地发生。

翡翠行业的线上交易不仅单价高，总体交易额也很大。淘宝数据显示，消费者对翡翠的喜爱超出了其他所有珠宝，在淘宝网上翡翠的销售额几乎相当于黄金和钻石的总和，占珠宝行业市场份额的36%。

由于翡翠商品的特殊性，对于种、水、色、工都很难量化，也没有严格的定价标准。消费者在网购翡翠的时候，往往也是雾里看花、一头雾水。那怎样才能通过互联网买到货真价实的翡翠？除了多看多比较，学好基本的翡翠知识外，还有一些网购翡翠的经验值得大家借鉴。

（1）卖手和供货商

网购翡翠的过程中，首要就是选择个好卖家，这比选翡翠更重要。网络上最常见的翡翠商家有以下几类：翡翠品牌旗舰店、翡翠店主、翡翠加工厂、网络运营公司和个人等。大多数网络卖家都集中在广州、四会、揭阳、佛山、瑞丽、腾冲等集散地，在翡翠行业里有相当丰富的从业经验，在原料或加工环节有优势，通过网络拓展销售途径。因为减少了销售的中间环节，所以价格比较有优势。

玉雕师正在直播翡翠雕刻

最近两年能见到一个新现象，在各大翡翠集市里，最多的不是从全国各地来进货的实体店老板，而是拿着托盘、卡尺、背景布和手机到处忙碌的网商。他们将翡翠拍照片或视频，发布到网络上或朋友圈。等客户确定购买意向并打款后，再把货寄给客户，如果客户不满意，则退货后交还给货主。这种操作模式非常便利，对很多卖手来说，成本极低且没有风险。对在集散地的商家来说，也能增加销量。这种集散地商家和卖手的合作，已经越来越常态化，变成了一种新的销售模式。

这些集散地的卖手们，逐渐成了网络卖家里的主力军，改变了翡翠行业的销售模式。他们通过网络与终端市场的客户们取得联系，将集散地的翡翠源源不断地出售到全国各地。在五年前，翡翠的最主要流通方式，还是传统的批发和零售模式，在各地开店的玉商来集散地进货，在其他城市的商场或专卖店出售。传统模式的成本较高、资金需求量大、销售周期长，不如卖手通过网络销售的速度快。

正在专心拍照的翡翠微商

集散地的翡翠加工商，最得益于这种模式的改变。因为在原来的销售模式里，只能以批发价出售给来进货的同行，而现在就可以通过卖手直接出售给消费者，交易价格能保持在同行价和零售价之间，整体的利润会多一些，售卖速度也会快一些，能提高资金周转速度，再快速投入到新货的生产之中。网络卖手加原产地翡翠供货商的合作，正在逐步改变着整个行业。

这个模式的便利性是显而易见的，但是也存在一些弊端。传统模式下的翡翠加工商，大多是在集散地开店或者档口，等客商上门来挑选，各家的翡翠品质和价格差异并不是很大，出售的概率比较均等，也保证了价格的稳定性。有了网络卖手的参与，情况就发生了改变，和卖手合作紧密的商家就有更多销售机会，而且出售价格正在逐步提高，拉高了集散地的同行价，导致原料成本的迅速上涨。可以说，新模式下的同行竞争比以前更激烈，会带来短暂的价格不稳定因素，但是总体来说，消费者还是能从中得到很多实惠。

（2）准确描述

消费者在网购翡翠的时候，都是通过图片视频和文字来了解实物。商家的文字描述是对翡翠的介绍，也是和买家之间的沟通方式。在消费者不能看到实物的情况下，文字传递的信息就显得特别重要。要描述翡翠的好坏，应该从种水、颜色、雕工、大小、瑕疵等方面出发，务必要准确和详细，才能让消费者了解到实物的品质。

在翡翠同行之间的交流中，就算没见到实物或照片，只需要很简短的语言，就能精确地描述出翡翠的品质。比如我们常说的：冰种飘蓝花、种老肉细，就是对翡翠种色的准确描述。如绿色，也有帝王绿、黄阳绿、正阳绿、阳俏绿等很多种类，而不能描述为很绿、绿、不太绿，这样不专业的说法容易造成误会。

商家进行文字描述的时候，不该夸大其词甚至故意误导。很少部分的商家，为了提高销售业绩，就黑白不分故意混淆，比如把油青种的翡翠，描述成帝王绿翡翠；把糯种翡翠，描述成冰种翡翠；把豆绿翡翠，描述成冰种

照片与实物严重不符，误导消费者

正阳绿。这种虚假广告能博人眼球，但并不是长久之计，也对自身商誉有损害。有些商户联合制作了通用的色标卡片，通过实物和色标卡的对比，能让消费者做到心中有数。

¥386.00 包邮　　　　　2人付款
天然缅甸A货翡翠冰种戒指满阳绿辣绿玉石指环帝王绿男女款玉扳指

现价￥698　　原价￥8980
¥698.00 包邮　　　　　0人付款
正品A货玉石翡翠挂件天然缅甸帝王绿弥勒佛玉坠男女款冰种阳绿佛

¥198.00 包邮　　　　　1人付款
男女款冰绿玉石吊坠缅甸翡翠冰种帝王绿风景山水牌子精美玉佩

¥298.00　　　　　　　0人付款
天然玉石缅甸翡翠A货冰种帝王绿辣绿水滴形添福转运锁骨吊坠挂件

"名不符实"的部分商品

在一些商品描述中，经常可见以下词语：极品、老坑、玻璃种、帝王绿、龙石种等，这类专业术语的过量滥用，会让消费者产生错觉，误以为这个世界上的好翡翠随处可见。事实并非如此，极品翡翠是非常稀有的，价格也不会便宜，甚至达到百万元、千万元。为了正本溯源，笔者在本书的其他章节，对这些专业术语有专门的解释。

（3）颜色和拍照环境

　　颜色是翡翠定价的重要因素，行内有句话说"色差一分，价差十倍"，颜色的优劣就体现在浓、阳、正、匀四个方面，各个方面对价格都有影响。实物交易的时候，要准确评估翡翠的颜色和价值，也是比较难的。网购翡翠的时候，仅通过图片和视频去判断，就显得更难。要多注意翡翠图片视频和拍照环境的关系，就可知道翡翠的真实颜色。以下是模拟同一个戒面在不同灯光下的表现。

　　同件翡翠在自然光、阳光、白光灯和黄光灯下，甚至白色、黑色、灰色等背景布，都会导致拍摄照片的效果不同。黑色背景的照片，绿色会显得更浓

自然光　　　　　　　　　　阳光下　　　　　　　　　　　　自然光（非直射）

白光灯　　　　　　　　　　黄光灯

自然光（阳光直射）　　　　　　　　　　　　　　灯光下

艳。白光灯下的照片，种水会显得更通透。黄光灯下的照片，能隐藏很多的瑕疵。阳光下的图片，翡翠色调会显得更阳。某些手机有图片自动处理功能，图片的饱和度很高，使翡翠颜色显得特别浓艳。苹果手机拍摄的图片，色彩还原度好，和实物较接近。

自然光和灯光下的对比

昏暗黄光下，绿色显得更浓

　　行内标准是阳光非直射的自然光，这样的照片和实物最接近。可以放在手上拍照，以手的肤色作为参照，或以白纸巾等作为参照物。最好是多拍几组不同环境的照片，表现出翡翠的真实种色，便于消费者判断。不要盲目追求图片的艺术效果。

（4）大小和尺寸

　　在本书"评价体系"一章里，讲解过翡翠的大小和定价的关系。因为在网购的时候，很多消费者通常以自我感觉来做判断，忽略了尺寸的数据，或者对数据没有清晰的概念，需要借助图片上的参照物对比。比如看戒指戴在手上的照片，参照物是手指，大多数人是根据戒面和手指的比例来推测戒面大小，很少注意到实际尺寸是8mm还是10mm，也对这两个尺寸没有体会。

两颗高档戒面，长度分别为10mm和8mm，
价格相差一倍左右

大小和价格的关系非常密切，特别是对于中高档翡翠。以常见的正装观音题材为例，如果种色品质都比较好，常见的小尺寸为长50mm、厚5mm，定价可能只要2万元；那么常见大尺寸为长70mm、厚8mm，其价格能超过10万元。两者的长度仅仅相差20mm，厚度相差3mm，从数字上看差距并不大，大概有三四成的差别，实际市场价格却相差巨大，达到数倍之多。

以戒面为例，同样种水和颜色的戒面，假如8mm长的定价3万元，那么长12mm的定价10万元，长16mm的定价30万元以上。光看图片的美感，不去对比尺寸数据，就无法理解这种价格变化。所以在网购翡翠的时候，一定要注意到尺寸的数据，并理解尺寸对于价格的影响。最好的方法是问清楚尺寸，找到相同大小的参照物，或者按照1∶1的比例在白纸上画出来，才可以体会到实物的大小，不要仅凭个人感觉去猜测实物大小。

（5）瑕疵和陷阱

笔者经常接触过部分消费者，花高价买到过假翡翠或者品质不好的翡翠，大多都发生在实体店或者古玩地摊等。网购翡翠同样存在这样的风险，而且消费者维权的难度更大。绝大多数翡翠网商都是诚信经营，但也不排除极少部分人见利弃义。消费者如果碰到某些不法行为，一定要通过法律手段维护自己的权益。

购物的时候要养成好习惯，尽量和卖家充分沟通，对于翡翠的瑕疵要问清楚。翡翠是天然形成的，不可能十全十美，它的缺点和优点都是并存的。比如对于手镯，一定要了解到整圈有没有纹裂。对于挂件，也要了解作者的雕刻意图，注意到避裂雕刻的手法。有些纹裂看起来不是很明显，需要反复观察才能发现。对于镶嵌件，要了解有无破损等瑕疵。

底部有纹裂的翡翠戒面，镶嵌封底之后不容易被发现

网购翡翠的过程中，除了注意瑕疵对价格的影响，还要防范某些不良商家的骗局。最重要的是不要有"捡漏"的心理，如果看见一件种色很好的翡翠，只卖几百或几千元，那肯定是不正常的。翡翠的价格体系很完善，各种渠道的价格都不会相差太大。不管商家以什么言辞，什么理由，讲什么样的故事，消费者都不应该动心去

"捡漏"。以笔者在翡翠行业多年的经验来看，价格只有相对的实惠，绝对没有捡漏的事情。

5.4　值得收藏的翡翠类型

翡翠收藏有两个目的：一方面是爱好，以佩戴把玩为目的；另一方面是投资，以升值获利为目的。这两点并不冲突，而是相辅相成的，最适合的藏品肯定是两者兼备，既满足藏主的收藏爱好，本身又会逐步增值，才是两全其美。不管这件翡翠是去是留，是亏了还是赚了，最初都是源自对翡翠的喜欢，在这个前提下才能讨论翡翠的收藏。

收藏和投资是两个概念，收藏是爱好，追求的是"天长地久"；投资是买卖，只在乎"曾经拥有"。翡翠收藏投资的过程，本质上是基于对翡翠价值的认知，对翡翠未来价格趋势的判断。笔者所说的收藏主要是长期价值投资，而不是短期内买进卖出的生意。

有些人十年前买的翡翠，现在的市值是当时价格的几倍甚至几十倍，而有些翡翠，价格只比十年前略有增长。翡翠整体价格在过去十几年里暴涨，特别是种色好的手镯、高档戒面、玻璃种翡翠等。无色玻璃种更是价格增长的神话，从曾经的无人问津，到现在的高不可攀，其增长高峰期也就短短几年，价格升幅至少百倍。

很多人会有疑问：现在的翡翠价格这么高，现在再投资的话还来得及么？笔者的回答是肯定的，"种一棵树，最好的时间是十年前，其次是现在。"翡翠市场的不断发展和成熟，既不会再有"无色玻璃种翡翠"的暴涨神话，也不太会有暴跌的可能。因为翡翠的受众太多，而原材料的供应又太少，这种供需关系为翡翠价格的坚挺提供

经历过"暴涨"的无色玻璃种

优质翡翠既能佩戴，又能投资升值

了基础。另外一方面，翡翠作为一种商品，经过市场多年的检验和发展，已成为当之无愧的最有价值的宝玉石。

是不是越贵的就越值得收藏？这是翡翠爱好者和消费者都想知道答案的问题。笔者觉得并不能一概而论。总体来说，贵的翡翠会越来越贵，便宜的翡翠会越来越便宜。因为贵的翡翠肯定是漂亮稀有，其原材料本身就稀缺，而且会越来越稀缺，供需不足就导致以后的价格会更高。

便宜的翡翠质地普通，取材相对容易，随着开采量的提高，市场供应会越来越多。翡翠行业现在的生产力在不断提高，以前的开采以人力为主，现在都是靠大型机械；以前的翡翠雕刻费时费力，现在是规模化和机器辅助雕刻。这些都会导致开采和生产的边际成本下降，普通翡翠的零售价也会相对降低。

商场柜台里的各种翡翠

翡翠的品种多种多样，价格跨度也非常大。要在翡翠收藏投资里有所收获，一定要做好必要的功课，选对适合的翡翠藏品，而不是头脑发热地盲目投资。所有投资都可能会有亏有赚，翡翠收藏投资也不例外。

评判是否值得收藏的标准，是在持有的过程中能否享受到把玩的快乐，且价格在未来能否有较大升值空间。笔者认为值得收藏的翡翠类型有以下几大共性：人见人爱、存量稀少、有升值空间、经典可流传。"有升值空间"就必须用发展的眼光看翡翠价格，要从现在看几年前，从几年后来看现在。

清代银胎鎏金嵌宝翠玉盒一对，以200万港元成交于2019年（佳士得拍卖）

翡翠价格也是有趋势的，有些翡翠的定价是即时的，只能反映在当时的价值，不是长期固定不变的。"经典可流传"，这点要考虑到翡翠的美，是否符合时代的审美标准。大众对翡翠的审美也有变化和趋势，总体来说，随着受众越来越年轻化，

珠宝化方向的高品质翡翠永远值得收藏

受国际珠宝品牌的款式的影响，珠宝化方向的翡翠就是未来的大趋势。

值得收藏的翡翠很多，以下是笔者推荐的几种类型，基于笔者对翡翠市场现状的分析，以及对翡翠市场未来的推测，给大家提供一些建议。从种类划分来说，笔者比较建议收藏这几类的翡翠，但也不是说所有此类翡翠都值得买，还是要具体情况具体分析。最重要的是看清楚翡翠的种、水、色、工，遵从翡翠的评价体系，才能选择到真正值得收藏的翡翠。

5.4.1　高档戒面

高档翡翠戒面，是笔者认为最值得投资的翡翠类型。如果在同价格的挂件、摆件、手镯、戒面中，选取一类作为翡翠收藏的品种，笔者的首选会是戒面。戒面是用高档翡翠最好的原料制作而成，不管镶嵌成戒指还是吊坠，都适合日常佩戴。

每年的翡翠拍卖场上，高档戒面都是重头戏，尤其是种水好的绿色戒面，如果个大饱满，颜色浓艳，那就请千万不要错过。2017年有颗满绿的大蛋面就拍卖出了8000万港元的天价，其实在行业内，还有单价更高的蛋面吊坠成交记录。

戒面价格范围较大，几百元到几万元，十几万甚至到上百万元，有些戒面看起来大同小异，仅仅是颜色和种水稍有差异，价格却差距甚大。准确评估翡翠戒面的价值，是翡翠专业水平的体现。要选到适合收藏的翡翠戒面，一定要练好基本功，如果眼力够好，机会还是很多的。

戒指耳环套装，戒指长15mm，2014年以345万元成交（保利于厦门拍卖）

选择翡翠戒面的时候，要注意看准颜色，从浓、阳、正、匀四个角度去权衡，大小和饱满度也非常重要。要记住戒面的定价标准，明白各个因素对戒面价格的影响。正确看待戒面的瑕疵，比如棉和纹裂，只要没有大的影响就可以接受，毕竟价值上百万的戒面，也是天然形成的，不会十全十美。

随着翡翠越来越往珠宝路线发展，有大量用戒面镶嵌的作品出现，除了传统的翡翠戒指、耳钉，还有镶嵌的吊坠、胸针、项链等，这也导致戒面的需求量会越来越大。戒面完全满足人见人爱、存量稀少、有升值空间的三大共性，所以笔者把高档戒面收藏排在首位。

5.4.2　高档观音题材

高档观音题材和高档戒面一样，也是笔者认为最值得投资的翡翠类型之一，主要是指正装的大观音。观音题材是男士佩戴翡翠的首选，差不多八九成的男性都会选择佩戴观音，比其他所有题材加起来还要多。可以说观音题材是翡翠行业的"硬通货"，也是翡翠行情的"晴雨表"，价格非常稳定，几乎每年都在上涨。

翡翠观音，价值非常高

收藏高档观音的时候要注意其尺寸，尺寸最好是在长65mm，厚7mm以上，如果能达到长70mm，厚8mm则更好。稍小些的，比如长60mm，厚6mm的观音也可以接受。尺寸更小的，其价值就大大降低了。很多人不太理解，为什么翡翠观音长60mm和70mm，价格能相差两三倍。但是，实际情况便是如此。

高档观音首先要料子好，以玻璃种或冰种为最佳，可以是底色或者飘色。最有价值的当然是满绿观音，不过其价格极高，并不适合大众消费。现在比较适合收藏的有成色较好的飘蓝花观音，还有成色较好的木那雪花棉观音，价格在二十万到五十万元，成色特别好的近百万元。这两种料子的翡翠观音，都很值得收藏。

5.4.3　飘蓝花翡翠

飘蓝花是玻璃种飘蓝花和冰种飘蓝花的统称，说明它至少有两个特点：①种水达到冰种以上；②有蓝绿色，色型分散飘逸。飘蓝花翡翠有一定的存量，是近几年价格上涨较快的品种之一。大多数飘蓝花翡翠原石个头较小，能取手镯和大件观音的不多。

飘蓝花怎么衡量价值？一是看翡翠本身的种水，以没有白棉、底子细腻为最佳；二是看蓝花的色调，以蓝绿色为最佳，灰蓝色则价值偏低；三是看飘花的色型，以灵动飘逸的色根为最佳，整片絮状色根则价值偏低。因为色型的不同，价值也可能相差几倍。

2014年缅甸翡翠公盘，飘蓝花翡翠原料表现惊人，在成交单价千万元以上的原料里，占据了80%以上的比例，这是翡翠同行对飘蓝花翡翠价值的认可和追捧。这批原石陆续走向市场，逐步推高飘蓝花翡翠的价格。

飘蓝花翡翠观音，价值较高

5.4.4　无色玻璃种

玻璃种是种水最好的翡翠品种，一直备受追捧，无色玻璃种则是前些年涨价最快的翡翠品种，据称"十年内涨价一千倍"。事实上也确实如此，十几年前一只无色玻璃种手镯只要千元，现在价值上百万元，而且价格还在上涨。无色玻璃种的价格上涨，在最初有炒作成分，现在已被大众接受，价格很稳定。

无色玻璃种涨了这么多，还会继续上涨吗？这得从翡翠原料开始说起。无色玻璃种的原料，在所有翡翠原料里面，连千分之一的比例都不到，这就是物以稀为贵。有广大的市场需求，资源却很有限，成本再不断上升，价格自然坚挺。

玻璃种翡翠配红宝石首饰套装

选择无色玻璃种的时候，要注意翡翠的荧光、刚性、柔性。种够老的无色玻璃种会起荧光，价值是普通玻璃种的数倍。很多人知道种老的玻璃种有刚性，刚性就是类似于金属光泽，给人感觉是寒气逼人。那么什么是柔性？柔性就是底子极度细腻，极度均匀，呈现出细腻柔和的光泽，这种翡翠也是极稀有的。

无色玻璃种并非都是完全纯净，比如常见于木那场口"雪花棉"翡翠。这种特点的翡翠并非只有木那场口才出现，因为木那雪花棉名气太大，所以沿用了"木那雪花棉"的叫法。在某次大型翡翠公盘，有上万份大大小小的原石，而"木那雪花棉"原石只有重量很小的一份，若按重量算，连万分之一都不到。"雪花棉"翡翠也有有颜色的，此类翡翠存世量更低，更加值得收藏。

"雪花棉"翡翠平安扣

5.4.5 高档黄翡

翡翠的颜色非常丰富，常见的就有无色、绿色、红色、黄色、紫色、黑色等。绿色是最常见也是最贵的颜色，其他颜色的翡翠也有很贵的，比如高档紫罗兰和红翡，为何笔者推荐大家收藏黄翡呢？

红翡和黄翡很相近，致色原理也大致相同，但是红翡可以用特殊手段获得，这两年的翡翠市场上出现了大量焗色的红翡，使得原本极度稀少的红翡越来越多，变得真假难辨，这对红翡的价值影响极大。

高档的紫罗兰翡翠价值极高，每年拍卖会都有高档紫罗兰，成交价都不低。行内说"十春九木"，说的是紫罗兰种色较差，能到冰种的极少，到玻璃种的更加稀少。2010年缅甸翡翠公盘标王就是玻璃种紫罗兰，成交价大概3亿人民币。紫罗兰翡翠整体种水较差，现在基本凭颜色浓淡定价，定价体系不稳定。

墨翠比较常见，有些墨翠打灯是满绿色，表面种水也较好，较好的能达到冰种，这类墨翠价值很高。还有一些打灯不透，质地较粗，这类墨翠价值较低，和种水好的墨翠价值相差几十倍。这两种墨翠的外表差别并不大，大量相似的低档墨翠存在，导致高档墨翠被严重"拖后腿"，整体价格上涨较慢。

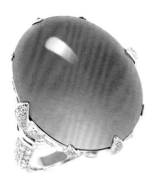

黄翡戒指，戒面长26mm，2018年保利春拍估价7.2万～10万元

黄翡是最值得投资的。黄色是中国人非常喜爱的，黄翡种水可达到冰种和玻璃种，其存量刚刚合适，既稀有也能长期供应。黄翡有部分是石头表皮的颜色，部分来自翡翠表皮和肉之间的"黄雾"。收藏黄翡要选择种水好的，以颜色金黄、没有褐色调、种水达到冰种以上为最佳。

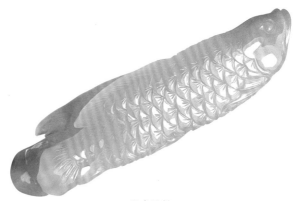

双鱼玉佩

5.4.6 翡翠摆件

因为种种原因，现在翡翠摆件的行情低迷，这正是摆件收藏的好机会。翡翠摆件的整体价格较高，成色较好的摆件价值不菲，可达几百万甚至上千万元。我们可以选择中低档摆件作为收藏，比如价值几万元到几十万元的摆件。翡翠资源的不可再生和原料价格的上涨，将导致翡翠摆件越来越稀缺，价格将连连攀升。

翡翠摆件，高10cm，2013年以839万港元成交于香港佳士得拍卖行

摆件是翡翠行业里最费原料的，随着原料价格的上升，翡翠摆件的成本也不断攀升。选择翡翠摆件的时候，一定要注重设计和雕工。大多数翡翠摆件的原料都是有裂的，消费者在购买的时候，要仔细观察裂的走向。如果设计和雕工都较好，会通过设计或雕刻手法来遮蔽纹裂。

翡翠摆件的题材多种多样，除了传统的题材，比如佛和观音、花鸟、山水等，还有不少根据翡翠原料特点创作，题材新颖的摆件。在选择投资的时候，尽量选择传统题材，适合大众审美的摆件。种色太差的升值潜力有限，种色太好的价格偏高，种色中等偏上的摆件价格合理，非常适合翡翠投资。

6

翡翠杂谈

6.1 翡翠雕刻

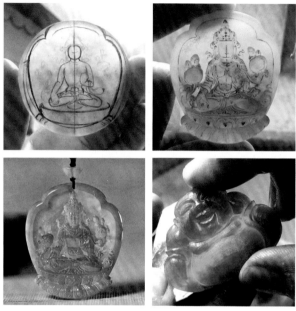

正在加工中的翡翠

《三字经》里有句话："玉不琢，不成器"，还有人说翡翠是"三分料，七分工"，这都是在表述玉雕的重要性。翡翠原石的形成需要长达几千万年甚至上亿年，而玉雕师们把原石雕刻成型，只需要几天时间就可以完成。雕刻打磨过程看似简单，实际并不轻松，雕刻师都是多年勤学苦练后，才能从容施展才艺。

玉雕是个辛苦活，光是打磨工具的磨头就有一两百种，整套熟悉一遍都要近两年，要想学好玉雕并非一日之功。如果处理不当或技艺不佳，除了经济上的损失，还会浪费翡翠材料，让人觉得惋惜。观者对着翡翠欣喜的一分钟，背后也许就是玉雕师默默无闻的十年功。本文说翡翠雕刻，针对的是中高档翡翠，有些品质不算太好的翡翠，由于其成本和零售价都偏低，往往采用机械生产的方式，雕刻工艺的体现并不是很多。

6.1.1 翡翠雕刻流程

翡翠雕刻的准备工作就是切石，就是把翡翠原石切割成适合雕刻的材料。翡翠原石都是天然形成的，大部分都有皮壳，皮壳之下才是"玉肉"。切石经常被称为"赌石"，实际上并非纯靠运气，有很多有迹可循的行业经验。有经验的同行们，根据原石的皮壳表现，大概能猜测"玉肉"的品质如何。但是在原石最终被切开之前，谁也不知道"玉肉"将会呈现的具体样子，所以有"神仙难断寸玉"的说法。

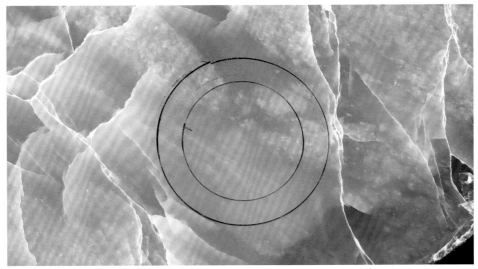

切开的原石（一）

石头怎么切是门很大的学问，并非三言两语可以说明白。都是由经验丰富的老师傅把关，碰到大份或单价很高的石头，还会由几个老师傅一起商量研究决定。石头切开后，就大概知道该做什么题材，一般会优先考虑做手镯、最好的部位优先考虑取戒面，有颜色的部位尽量取满色的挂件，也有些适合做珠子或摆件等。原石切开后的材料，大部分都会做成雕件。

 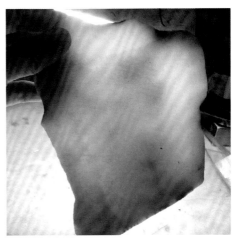

切开的原石（二）

玉雕要根据材料的种水和颜色，设计出适合的题材，避开材料的缺点，比如有裂的就需要避裂，有棉、有黑点的就尽可能去除，保留下最完美的部位，体现翡翠的特点和价值。雕刻加工后再抛光。具体的流程就是构思、画图、打坯、精磨、抛光。雕刻过程中，还要留意材料可能出现的变化，时刻准备调整和修改。

当我们看见漂亮翡翠成品的时候，比如满绿的翡翠挂件、种色好的戒面、完美无瑕的手镯，肯定很难想象出其翡翠原石的模样。翡翠的原石，大都是毫

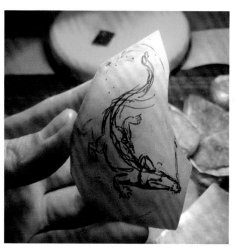

设计图

半成品

雕刻中

成品

翡翠的加工

紫砂观音像

木雕观音像

张大千《临敦煌观音像》
（其他艺术形式的观音像）

无美感甚至有点丑的，千万别以为它是"天生丽质"。只有经过雕刻师的精心制作之后，翡翠才会呈现出最好的效果。

6.1.2　翡翠雕刻与其他艺术形式

我们都知道翡翠材料的差异性，每块原石都不相同，每块原石的不同部位也不同。翡翠材料作为玉雕的载体，存在着很大的不确定性，这是玉雕与其他艺术形式的巨大区别。比如字画、陶瓷、紫砂等艺术形式的载体，就是宣纸、陶土、紫砂泥等，这些材料都可以批量获得，作品的好坏取决于艺术家的技艺，和材料无必要关联，高水平的艺术家就可以创造出高品质的作品。

因为翡翠材料的限制，玉雕师不能像其他艺术家一样去创造和表达。玉雕更像是"命题作文"，材料就是题目，怎么样把"文章"写好，考的就是玉雕师在方寸之间的表达能力。玉雕在整个创作过程中几乎是不可逆的，字写得不好可以重新写，陶瓷型没做好可以重新做，翡翠雕错了就不太可能重来了。

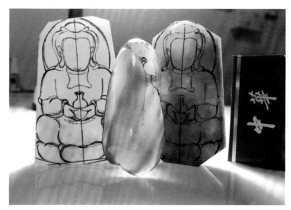

价值高达几百万元的翡翠原料

翡翠材料的高价值，限制了玉雕师的艺术
创作的尝试。其他某些行业的艺术家们，可以
随心所欲地尝试去表达，几乎不用去计较材料
成本。稍微好点的冰种翡翠原料，价格可能有
十几万，如果再有点颜色的价格还会更高。玉
雕师不能纯粹追求艺术创作，就不考虑翡翠成
品最终的价格，要做到两全其美确实不容易。

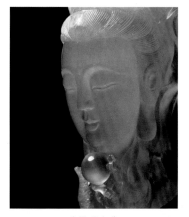

翡翠观音像

6.1.3　翡翠雕刻的思路和工艺

玉雕大师丁惠超是行业内知名的高手，专
做价值百万、千万元的精品翡翠，拍卖历史的
成交纪录里，就有很多是他的作品。他对玉雕
的理解是：学习并尊重原料自身特点和价值，
进而因材施艺。雕刻技术是功力，雕刻思路是
方向。如果思考方向错了，就算雕刻技术再精
细，也无法表现出翡翠自身的美和价值。

要想做到"因材施艺"，雕刻前的思考就显
得特别重要，必须在雕刻前做好"读玉"工作，
只有读懂了玉石本身，看准翡翠的种水、颜色
和瑕疵，考虑到成品的最终效果，做到"心中
有数"，才能真正地"因材施艺"，做出精美的
翡翠成品。

总体来说，翡翠雕刻要以三个标准来衡
量：体现种水、体现颜色、体现工艺。雕刻
师在进行创作的时候，首先应该考虑到这三
大方面。玉雕大师李仁平的《踏雪寻梅》，就
是把翡翠的缺点变成优点，将翡翠里的颗颗
白棉喻做漫天飞舞的雪花，使原本很普通的
料子身价倍增。王朝阳的《祈福》，因材施
工，除了脸部细节表现得好，也保留了翡翠
本身的色彩。

加工中的翡翠和成品（一）

（作者：丁惠超）

加工中的翡翠和成品（二）（作者：丁惠超）

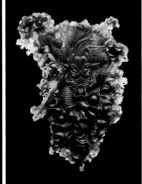
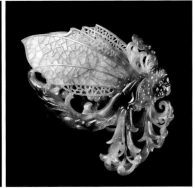

三件作品分别体现了种水、雕工、色彩（作者：王俊懿）

李仁平作品《踏雪寻梅》　　　王朝阳作品《祈福》

构思巧妙的玉雕精品

《翡翠白菜》

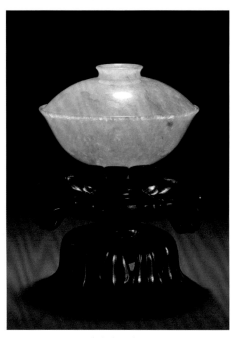

清代翡翠盖碗
（构思巧妙的玉雕精品）

现在珍藏于台北"故宫博物院"的《翡翠白菜》，其实材料本身并不算很出众，如果当时做成手镯，其艺术性和价值就大大降低了。玉雕师将它雕刻成白菜，绿菜叶上还站着个蝈蝈，这些细节处理让整个画面生动起来了。当时的玉雕还是使用传统工具，不像现在还有电动工具，让人不得不佩服一百多年前的能工巧匠们。

6.1.4 "好玉不雕"

很多人经常说"好玉不雕"，这句话容易引起误会，让人误解成雕与不雕的选择题。翡翠不可能完全不雕，哪怕是一颗戒面，表面看不见雕刻工具留下的痕迹，也要经过雕刻打磨才能成型。我们要从两方面去理解这句话：不雕的意思是侧重翡翠本身，雕的意思是侧重雕刻工艺，在雕刻过程中的侧重点不同，但最终目的就是让翡翠的种水和颜色得到体现。

不能望文生义去理解"好玉不雕"，就像理解《道德经》里说的"君子无为"。无为的意思是顺其自然地作为，不刻意强行而为。翡翠雕刻亦是如此，不能为了雕刻而雕刻。雕刻只是一种手段，不管是打磨形状还是雕刻图案，最终目的是为了展现翡翠本身，不能沉迷于手段而忘了目的。有些玉雕师容易犯这种错误，为了表现自己的雕刻技艺，会刻意设计

简单而经典的翡翠耳环款式，每年拍卖会的焦点　　好玉不雕：料子非常完美，不需要过多雕刻

出复杂图案，这就本末倒置了，违背了雕刻的初衷。有些玉雕师会不由自主地陷入惯性思维，比如擅长雕观音的玉雕师，看见任何材料都习惯性地设计成观音题材。

　　玉雕是个很传统的行业，以前都是师傅教徒弟的师徒制，师傅会什么就教徒弟做什么。徒弟能学到的东西有局限性，少数有天分的玉雕师经过长期的勤学苦练，最终集众家所长能有所突破，但是总体进程都比较缓慢。现在的互联网带来了信息化发展，也加速了玉雕行业的发展，增加了玉雕师们的见识，促进了技术的发展进步。部分艺术院校也相继开设了玉雕专业，每年都有美术院校的毕业生进入到玉雕行业，这批有美术基础的玉雕师，也提高了翡翠雕刻行业的审美水平，创作出了很多艺术性极高的作品。

6.2　珠宝设计

（1）发展趋势

　　我们在谈及翡翠的时候，首先会想到历史悠久的中国玉文化，历朝历代的精美玉器，故宫博物院里的翡翠珍品等。这容易让人产生偏见，认为翡翠就是传统的东西，跟不上时代的潮流。甚至有些年轻人，误认为只有年龄偏大的人才适合戴翡翠，年轻人就应该戴钻石和彩宝。事实上并非如此，翡翠既有传统玉文化的传承，又引领现代珠宝潮流的发展。

卡地亚公司设计的翡翠项链

在过去的几千年里，玉器从祭祀礼器发展成工艺品。现代的翡翠珠宝化，受众越来越年轻化，消费者品味越来越高，也更有经济基础，其佩戴翡翠，就像佩戴名表、钻戒等，体现的是个人对美的追求。

珠宝化是翡翠行业发展的大趋势，一方面是由于中国经济的高速发展，让更多人能消费得起中高档翡翠，大众对于美的追求越来越强烈；另一方面是受众越来越年轻化，受到很多国际珠宝品牌的影响，年轻人的审美也变得越来越时尚。翡翠从以陈列和把玩为主的工艺品，已逐渐发展成珠宝首饰，比如吊坠、胸针、戒指等，在款式上与国际珠宝时尚接轨，毫不逊色于任何国际珠宝品牌。

（2）镶嵌工艺

翡翠的珠宝化趋势，离不开镶嵌工艺的日趋成熟。常见的翡翠镶嵌件有戒指、项链、吊坠、胸针等，常使用钻石、红宝石、蓝宝石、碧玺等作为配石。近几年的镶嵌技术发展很快，设计风格多种多样，有对中国传统风格的继承发扬，有借鉴各大珠宝品牌的款式设计，也有各位从业者对翡翠镶嵌的创新，很多翡翠镶嵌作品越来越漂亮，更具时尚感和艺术美感。

珠宝镶嵌示意

镶嵌是门高难度的技艺，简单理解就是将翡翠固定在金属托架上，镶嵌工艺精细、复杂，讲究设计感与技艺精湛。有些翡翠的个头较小，不能直接打孔佩戴，需要镶嵌后才能佩戴。此类功能性镶嵌多用于戒面和小素件上，除了满足佩戴需要，还能扬长避短。比如马鞍戒指宽度不够，就需要在两侧增加一些钻石搭配，使得长宽比更趋向于最佳比例。

织边

车花

微镶

抛光

镶嵌工艺示意

镶嵌的另一个作用是提高种色表现，很多高档满色翡翠裸石，在售卖的时候都用锡纸封底，这样更接近于镶嵌后的封底效果。在缅甸出海关的时候，戒面只有镶好铜托后才被允许携带出境（缅甸禁止个人携带原石出境）。这些铜托有金色和银色，如果戒面颜色偏暗就选银色，颜色偏淡就选金色，而且连戒面里面的窝槽的深浅、形状也都极有讲究，种种技巧都是为了提高翡翠的种色表现。

翡翠还经常被镶嵌成戒指、耳钉和挂件，随着设计水平和镶嵌技术的提高，也有被镶成胸针和项链的。翡翠从原石里面剥离，经过打磨抛光，变成晶莹剔透的成品，镶嵌后就变成可佩戴的首饰。镶嵌作为最后环节显得非常重要。镶嵌工艺需要注意以下几个细节：配石的成色、贵金属的成色、衔接是否牢固、抛光是否完美、整体有无瑕疵等。

缅甸人镶嵌的戒面，底部为铜，根据戒面的种色，选用金色或银色

在手上的效果

在锡纸上的效果

翡翠裸石封底效果

比较薄的翡翠，颜色偏深，镶嵌后效果倍增

珠宝镶嵌示意

镶嵌工艺非常精湛的作品

（3）珠宝设计

　　好的翡翠镶嵌作品，除了便于佩戴，还要体现翡翠的种色。首先要对翡翠的种、水、色、工有正确理解，并和镶嵌工艺结合起来，对于成品的风格有准确评估。不光要使翡翠主石看起来更加漂亮，还要考虑到佩戴时候的效果。佩戴的翡翠镶嵌作品彰显了主人的个性，各人的喜好不同，有人喜欢年轻时尚，有人喜欢低调奢华，有人喜欢豪华富贵。

　　对于翡翠本身的设计，和对佩戴效果的设计，应该同等重要地去考虑。如果对两者的理解错位，就会做出一些相互矛盾的东西。举两个例子：戒面颜色偏蓝、偏深，是显得成熟稳重的颜色，适合年长的人佩戴，如果设计成小清新

珠宝设计师陈世英的作品

的款式，佩戴的时候就会显得很矛盾；淡绿色的晴水戒面，给人的感觉是种色甜美，应该设计成时尚清新的风格，如果设计成稳重成熟的款式，反而把戒面的优点变成了缺点。

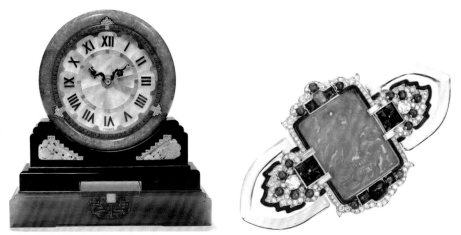

在翡翠镶嵌里面，色彩搭配特别重要。主要有翡翠颜色的搭配，比如红翡、黄翡、无色翡翠、绿色翡翠的搭配；贵金属颜色的搭配，比如黄金、铂、玫瑰金的搭配。通过多元化的搭配，提供了多种设计方案，可以展现出更好的效果。

设计独特的翡翠发簪

翡翠镶嵌除了有不同颜色的搭配，还有与其他不同材质珠宝的搭配，比如与钻石、红宝石、蓝宝石、珍珠和红珊瑚。如台湾的知名设计师王月要的作品，就大量应用此类搭配，设计作品的效果极好。贵金属的不同抛光技术也很重要，有时候会通过亚光、拉丝和亮面的效果对比，使得层次更加分明。

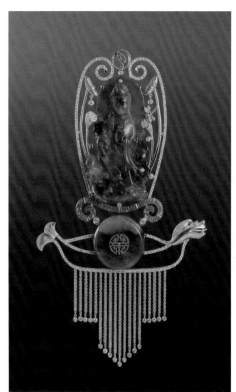

珠宝设计师王月要的作品

（4）传统与现代

翡翠珠宝化并不是始于近年，其实从清朝就开始了，不过那时候的翡翠并不是常人所能拥有的。我们看看百年前的清宫翡翠，有些作为发簪，有些作为凤冠，有些作为珠链和手串，其款式经典耐看，时值今日依然是人见人爱。

某件翡翠饰品到底是传统的还是现代的，这不是个二选一的选择题，我们应该辩证地去理解它的两面性，千万不要从款式、年代、价格等方面，去强行加以区分。比如宋美龄的翡翠手镯，在近百年前就价值不菲，到今天也并不过时。有的作品比如铂镶钻的翡翠如意吊坠，从款式上来说，是典型的传统题材，从佩戴效果上来说，又有现代珠宝的流光溢彩。

我们谈论翡翠的珠宝化趋势，是为了传统与现代能更好地结合，而不是要把玉文化与珠宝化的趋势刻意划分。经典之所以会成为经典，是因为它既是传统的，也是时尚的，这就是翡翠的魅力所在。翡翠已经成为具有中国文化特色的现代珠宝，正走向世界。

清代十八子翡翠手串，2013年以46万元成交（嘉德拍卖）

（5）部分设计图和作品欣赏

知名设计师的作品（一）

知名设计师的作品（二）

知名设计师的作品（三）

知名设计师的作品（四）

常见款式的设计图

6.3 专业术语

（1）老坑种

我们经常听见人说"老坑种"，就认为它是某个高档的翡翠品种，事实并非如此。"老坑、新坑"的说法，指的是翡翠场口被开采的时间先后。有些翡翠场口被早发现、早开挖，就被称为"老坑"，后来被发现的就被称为"新坑"。这只是一个相对的说法，和翡翠的品质并无直接关联，更不应列为一个分类标准。老坑口里确实出产过不少高档翡翠，但新开采的坑口里也有高品质的翡翠。

老坑种

（2）金丝种

金丝种翡翠并不是指种水的类型，而是针对翡翠的色型而言。我们将色根平行分布的翡翠称为金丝种，其色根表现为丝状、条状或者片状，其中以丝状色根最为漂亮和稀有。金丝种翡翠的种水通常是冰种以上，呈现出半透明状或全透明状，否则色根无法清晰体现。金丝种是高档翡翠，色根越清晰可见，且排列越均匀的，其价值就越高。

金丝种

（3）龙石种

龙石种的特点是"色融于底"，主要表现是底子细腻，无棉无杂质，不见明显色根。有些资料对龙石种的介绍，说它是在岩洞里生长的翡翠，事实并非如此。龙石种的种水通常接近玻璃种，且带有淡淡的底色，常伴有起荧光的效果。

龙石种

（4）木那料

木那料是近些年特别流行的名词，尤其以"苹果绿"和"雪花棉"著称。木那是缅甸的翡翠场口名，属于四大老矿区之一的帕敢矿区，以盛产种色均匀的满色料出名。部分木那料带有明显的点状雪花棉，这并没有影响到它的价值，反而成了木那场口的特色。值得注意的是，并非具有"雪花棉"特征的就是木那料。

木那料

（5）莫西沙

莫西沙被称为"神仙场口"，盛产质地细腻的玻璃种、冰种翡翠原石。莫西沙原石的特点是种老肉细，表皮以灰色为主。种老的莫西沙原石表皮会脱沙，只剩下薄薄的一层，这是高档翡翠的特征之一。莫西沙的料子种水都特别好，纹裂比较少，缺点是常有轻微细棉，原石也不会特别大，所以常用于制作吊坠等。

莫西沙

帝王绿

（6）帝王绿

帝王绿被认为是颜色最好、价值最高的翡翠之一。怎么形容这种绿色呢？不懂翡翠的人会表述为很绿很绿，以专业人士的理解，是从"浓阳正匀"的角度来分析。帝王绿的颜色首先是黄色调，而且浓度非常高，当浓度高到一定程度的时候，就会显得有轻微泛蓝色调，大概有七分是黄色调，三分是蓝色调。帝王绿的这种效果，与偏灰偏暗的绿色是截然不同的。怎么区分这两种颜色呢？可以在阳光下观察，一种是浓阳的黄色调，另一种是灰暗的蓝色调，这两种效果的翡翠价值相差甚大。

（7）正阳绿

正阳绿是经常被提及的颜色，也是很高档的颜色。不管是正阳绿，还是阳绿、黄阳绿等，其中"阳"的意思就是偏黄色调，就像正午阳光下的暖色调，显得比普通绿色更加明亮。正阳绿的颜色纯正浓艳，阳绿次之，黄阳绿则高居榜首。黄阳绿就是色调黄到极致，甚至被认为比帝王绿还珍贵稀有。

（8）祖母绿

在宝石学里，祖母绿是一种名贵的宝石，其颜色与翡翠类似，具有玻璃光泽。不要将祖母绿宝石与祖母绿颜色的翡翠搞混。祖母绿与帝王绿的区别在于色调，祖母绿的色调偏蓝，颜色稍显沉闷凝重，不如帝王绿的颜色明亮。祖母绿的颜色不宜过度浓郁，那样就会显得偏灰暗，甚至变成油绿色或者油青，价值就降低了很多。

（9）苹果绿

苹果绿翡翠是"玉如其名"，它有着青苹果般的嫩绿色，显得清新明媚，是很讨人喜欢的翡翠品种。按照翡翠行业的解释，它的色调偏黄，饱和度不够浓艳，所以整体颜色偏淡。苹果绿翡翠的种水都较好，还有个重要特征是颜色很匀，高品质的苹果绿翡翠通常出产于木那场口。

（10）晴水和蓝水

翡翠的晴水和蓝水，有很多相似之处，也稍有不同之处。相似之处在于两者的种色都比较好，质地细腻，颜色均匀柔和，且都不见明显色根。不同之处在于颜色的色调。蓝水的色调偏暗蓝或偏灰，品质较差的就显灰暗；晴水的色调偏淡绿或淡蓝绿色，整体颜色明亮，像雨过天晴后的湖面，因此被称为晴水。

正阳绿

祖母绿

苹果绿

蓝水

起胶感

起荧光

刚性

（11）起胶感

　　起胶感指的是翡翠呈现胶水的黏稠效果，常被称作"果冻感"。起胶感是翡翠种老的表现，这样的翡翠并不多见。首先是要晶体颗粒足够细腻，晶体呈有序排列；其次要质地纯净，几乎无杂质；种水必须在冰糯种之上，整体呈现半透明状，与玛瑙的质感和光泽非常相似，部分胶感明显的也被称为"玛瑙种翡翠"。

（12）起荧光

　　起荧光是形容翡翠的某种光学现象，指当晃动翡翠时可观察到柔和朦胧的反光。常见于无色冰种或无色玻璃种，款式为手镯和素件吊坠、蛋面等。起荧光是种老肉细的表现，必须满足两个条件：第一是翡翠内部颗粒细腻，透明度好；第二是雕刻的造型要合适，以表面有弧度的素件为主，比如树叶、豆子、平安扣造型，这样才能起到反光作用。如果是平面造型的翡翠，则较少有起荧光的效果。

（13）刚性

　　翡翠的刚性有时候也被称作"钢性"，它并不是针对硬度而言，不能理解成硬如钢铁，而是类似于亮钢表面的金属光泽，甚至有冰冷寒光的感觉。这与起荧光的朦胧感不同。一般种够老的翡翠才有这种特殊的现象，晶体颗粒极度细腻，结构极度致密，有极强玻璃光泽的翡翠才会有刚性。刚性是高档翡翠的特征，与之对应的是柔性，柔性的主要表现为起胶感和起荧光。

6.4 拍卖图鉴欣赏

（1）手镯

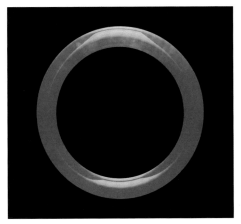

天然翡翠手镯
2014年以1324万元成交
（香港苏富比拍卖公司）

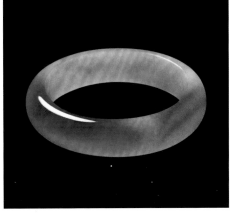

福禄寿三彩翡翠手镯
2011年以1725万元成交
（北京艺融国际拍卖有限公司）

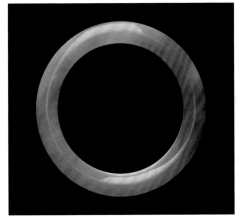

紫罗兰翡翠手镯
2012年以47.5万港元成交
（香港苏富比拍卖公司）

玻璃种翡翠手镯
2011年以333.5万元成交
（北京瀚海拍卖有限公司）

冰种黄翡手镯
2015年以20.7万元成交
（北京保利国际拍卖公司）

冰种翡翠手镯
估价60万～90万元

冰种飘蓝花翡翠手镯
估价12万～15万元

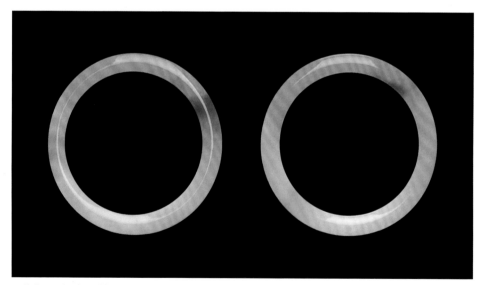

天然翡翠手镯（一对）
估价100万～150万港元

（2）戒指和耳钉（环）

冰种满绿翡翠戒指、耳环套装
戒面长13.2mm，2014年以148万元成交
（北京保利国际拍卖公司）

紫罗兰翡翠戒指
戒面长18mm，估价12万～18万元

满绿翡翠戒指
戒面长19.6mm，2014年以529万元成交
（北京保利国际拍卖公司）

缅甸天然翡翠配钻石挂坠耳环
最大翡翠尺寸约17.85mm×10.57mm×5.43mm，
长约3.8cm，估价60万～90万港元

翡翠马鞍戒
2006年以30.8万元成交
（中国嘉德国际拍卖有限公司）

翡翠配钻石耳环及戒指套装
最大蛋面尺寸17.55mm×14.81mm×7.80mm，
2015年以401.2万港元成交
（北京保利国际拍卖公司）

翡翠配钻石戒指及耳环套装
戒指蛋面长12mm，耳环蛋面长11mm，2013年以
50万港元成交
（香港苏富比拍卖行）

玻璃种翡翠耳环
蛋面长9mm，2011年以8.05万元成交
（北京瀚海拍卖有限公司）

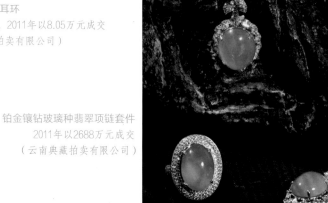

铂金镶钻玻璃种翡翠项链套件
2011年以2688万元成交
（云南典藏拍卖有限公司）

卡地亚公司在香港苏富比拍卖会上投得品牌过去为美国传奇名媛芭芭拉·赫顿特别订制的翡翠项链，项链由27颗极其珍贵的翡翠珠子串成（每颗直径由15.4～19.2mm不等）。成交价高达2744万美元，刷新了翡翠首饰的世界拍卖纪录。

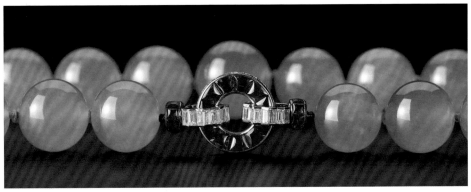

卡地亚定制的翡翠项链

（3）观音、佛

玻璃种翠佛吊坠
尺寸52mm×49mm×20mm，2011年以230万元成交
（北京瀚海拍卖有限公司）

玻璃种佛挂件
50mm×51mm×15mm，估价180万～280万元

紫罗兰翡翠佛吊坠
尺寸约32.68mm×35.30mm×9.98mm，估价
15万～20万港元

玻璃种站佛吊坠
长39mm，2013年以20.7万元成交
（北京艺融拍卖有限公司）

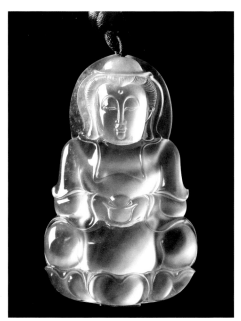

玻璃种观音挂坠
长66mm，2011年以80.5万元成交
（北京艺融拍卖有限公司）

玻璃种满绿观音吊坠
长62.5mm，2011年以4140万元成交
（北京艺融拍卖有限公司）

玻璃种飘花翡翠观音吊坠
75mm×45mm×11mm，估价130万～160万元

玻璃种翡翠观音挂件
长72.5mm，估价45万元

（4）其他挂件

翡翠配钻石佛手挂坠（一对）
大佛手尺寸约52.03mm，2015年以11.8万港元成交
（北京保利国际拍卖有限公司）

黄色天然翡翠配冰种天然翡翠如意挂坠
猴子寸约16.18mm×35.45mm×3.27mm，估价
6.8万～10万港元

翡翠大方牌
47.9mm×32mm×14.5mm，
2011年以1.035亿元成交
（北京艺融拍卖有限公司）

冰种翡翠叶子吊坠
估价12万～18万元

天然棕黄色翡翠及翡翠叶子配钻石
翡翠花尺寸约33.05mm×39.85mm×5.65mm，
估价4.8万～6.8万港元

18k铂镶嵌天然满绿翡翠叶形吊坠
裸石尺寸36.67mm×20.25mm×4.68mm，
估价170万～230万元

玻璃种翡翠怀古
直径53mm，厚10mm，2011年以
57.5万元成交（北京艺融拍卖有限
公司）

冰种雪花棉福豆吊坠
估价42万元

玻璃种翡翠吊坠
2011年以26.45万元成交（北京
艺融拍卖有限公司）

三彩翡翠龙钩
2015年以2万元成交（北京保利
国际拍卖有限公司）

满绿翡翠福豆吊坠
估价60万～80万元

紫罗兰翡翠吊坠
估价6万～9万元

（5）摆件或其他

清代翡翠十八子手串
2013年成交价46万元人民币（中国嘉德国际拍卖有限公司）

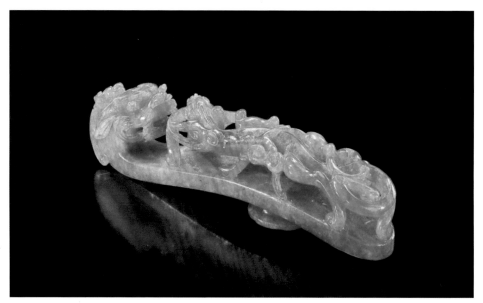

清代翡翠龙钩
2012年成交价17.25万元（中国嘉德国际拍卖有限公司）

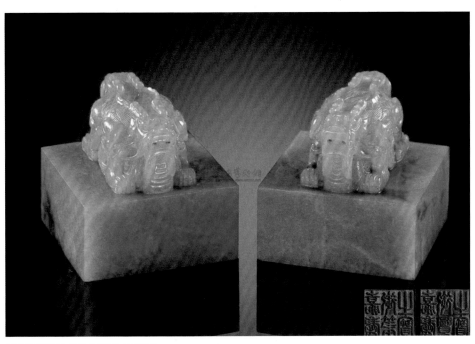

清嘉庆御制交龙钮翡翠玺（二方）
2010年以69019380元成交（香港苏富比拍卖行）

清中期翡翠扳指
2010年以112万元成交（北京瀚海拍卖有限公司）

清代翡翠镂雕螭龙带钩（一对）
长9.7cm，2011年以3426万港元成交（香港苏富比拍卖行）

清乾隆御制翡翠雕辟邪水丞
2011年以4945万元成交（北京保利国际拍卖有限公司）

天然冰种多色翡翠摆件
2014年以1444万港元成交（香港苏富比拍卖行）